西部地域绿色建筑设计研究系列丛书

丛书总主编：庄惟敏　　主编：单　军　孙诗萌

西部典型传统地域建筑绿色设计原理图集

The Green Design Principles for Typical Traditional Regional Buildings in Western China

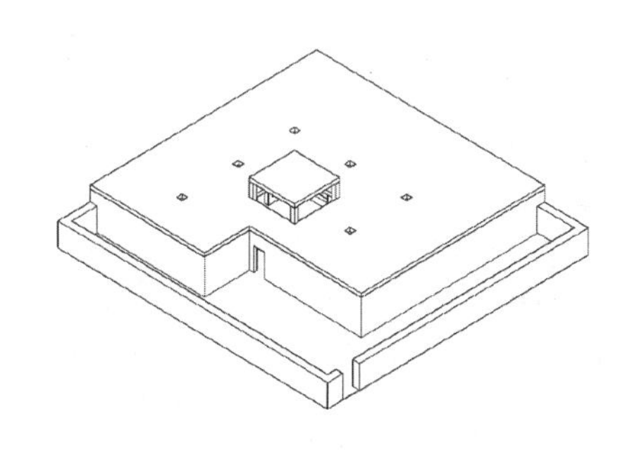
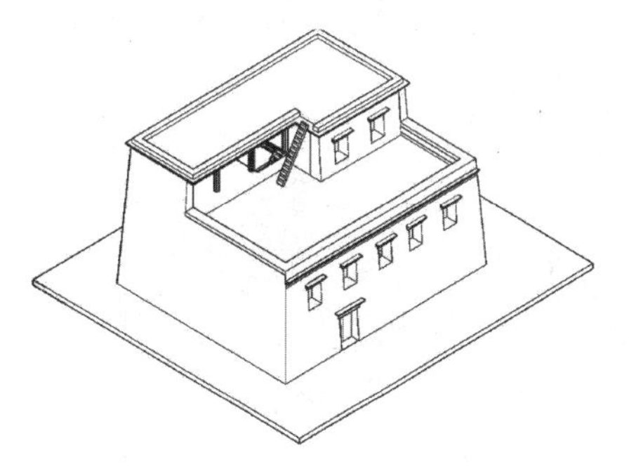
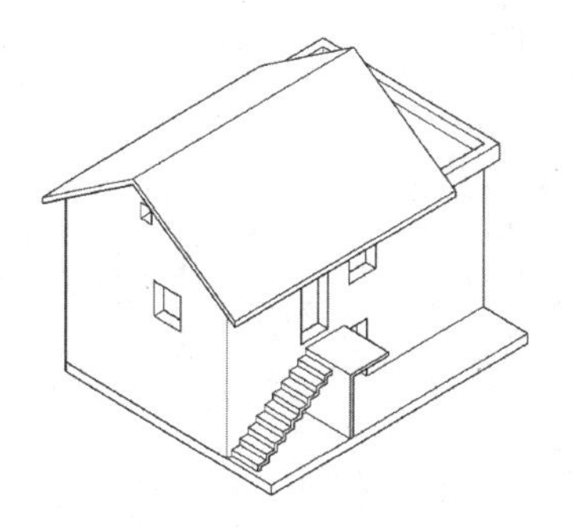
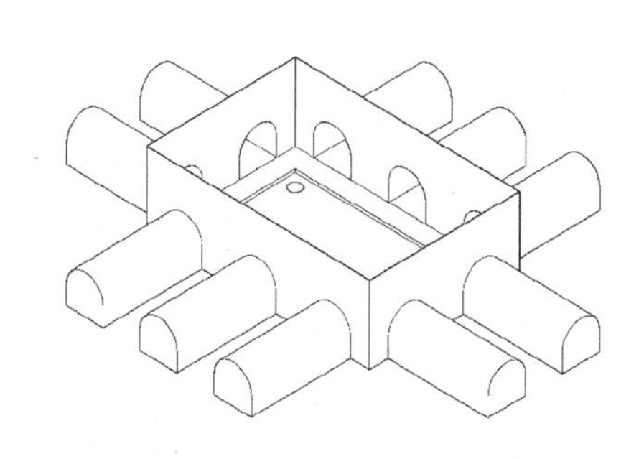

中国建筑工业出版社

图书在版编目（CIP）数据

西部典型传统地域建筑绿色设计原理图集 =THE GREEN DESIGN PRINCIPLES FOR TYPICAL TRADITIONAL REGIONAL BUILDINGS IN WESTERN CHINA/ 单军，孙诗萌主编．—北京：中国建筑工业出版社，2021.9
（西部地域绿色建筑设计研究系列丛书）
ISBN 978-7-112-26417-9

Ⅰ.①西… Ⅱ.①单… ②孙… Ⅲ.①生态建筑—建筑设计—西北地区—图集②生态建筑—建筑设计—西南地区-图集 Ⅳ.① TU201.5-64

中国版本图书馆CIP数据核字（2021）第152023号

“西部地域绿色建筑设计研究”系列丛书是科技部“十三五”国家重点研发计划项目“基于多元文化的西部地域绿色建筑模式与技术体系”研究的系列成果，由清华大学、西安建筑科技大学、同济大学、重庆大学、中国建筑设计研究院等16家高校和设计机构共同完成，旨在探索西部地区地域建筑与绿色建筑协同发展的路径，为地域绿色建筑设计提供参考。

本图集旨在总结西部典型传统地域建筑的绿色设计原理。通过选取绿色性能优异的西部典型传统地域建筑案例，对其绿色原理、建筑形式、设计方法等进行总结和统一图示化表达，明晰西部典型多元文化区传统地域建筑绿色性能优异的科学机理与关键技艺，为现代绿色建筑设计提供具有地域文化传承性的参考案例和设计方法。

本图集可供建筑师、建筑系学生、建筑设计相关从业者及爱好者参考。

责任编辑：许顺法　陈　桦　王　惠
责任校对：王　烨

西部地域绿色建筑设计研究系列丛书
西部典型传统地域建筑绿色设计原理图集
The Green Design Principles for Typical Traditional Regional Buildings in Western China
丛书总主编：庄惟敏
主编：单　军　孙诗萌
*
中国建筑工业出版社出版、发行（北京海淀三里河路9号）
各地新华书店、建筑书店经销
北京雅盈中佳图文设计公司制版
临西县阅读时光印刷有限公司印刷
*
开本：880毫米×1230毫米　横1/16　印张：$9\frac{1}{2}$　字数：201千字
2021年10月第一版　2021年10月第一次印刷
定价：**125.00**元
ISBN 978-7-112-26417-9
（37967）

编委会

《西部地域绿色建筑设计研究系列丛书》总序

中国西部地域辽阔、气候极端、民族众多、经济发展相对落后，绿色建筑的发展无疑面临着更多的挑战。长久以来，我国绿色建筑设计普遍存在“重绿色技术性能”而“轻文脉空间传承”的问题，一方面，中国传统建筑经千百年的实践积累其中蕴含了丰富的人文要素与理念，其建构理念没有得到充分的挖掘和利用；另一方面，大量具有地域文化特征的公共建筑，其绿色性能往往不高。目前尚未有成熟的地域绿色建筑学相关理论与方法指导，从根本上制约了建筑学领域文化与绿色的融合发展。

近年来，国内建筑学领域正从西部建筑能耗与环境、地区建筑理论等方面尝试创新突破。技术上，发达国家在绿色建筑新材料、构造、部品等方面已形成成熟的技术产业体系，转向零能耗、超低能耗建筑研发；创作实践上，各国也一直在探索融合地域文化与绿色智慧的技术创新。但发达国家的绿色建筑技术造价昂贵，各国建筑模式、技术体系基于不同的气候条件、民族文化，不适配我国西部地区的建设需求，生搬硬套只会造成更高的资源浪费和环境影响，迫切需要研发适宜我国地域条件的绿色建筑设计理论和方法。

基于此，“十三五”国家重点研发计划项目“基于多元文化的西部地域绿色建筑模式与技术体系”（2017YFC0702400）以西部地域建筑文化传承和绿色发展一体协同为宗旨，采取典型地域建筑分类数据采集与数据库分析方法、多学科交叉协同的理论方法、多层次、多专业、全流程的系统控制方法及建筑文化与绿色性能综合模拟分析方法，变革传统建筑设计原理与方法，建立基于建筑文化传承的西部典型地域绿色建筑模式和技术体系，编制相关设计导则和图集，开展综合技术集成、工程示范和推广应用，通过四年的研究探索，形成了系列研究成果。

本系列丛书即是对该重点专项成果的凝练和总结，丛书由专项项目负责人庄惟敏院士任总主编，专项课题负责人单军教授、雷振东教授、杜春兰教授、周俭教授、景泉院长联合主编；由清华大学、同济大学、西安建筑科技大学、重庆大学、中国建筑设计研究院有限公司等 16 家高校和设计研究机构共同完成，包括三部专著和四部图集。《基于建筑文化传承的西部地域绿色建筑设计研究》、《西部传统地域建筑绿色性能及原理研究》、《西部典型地域特征绿色建筑工程示范》三部专著厘清了西部地域绿色建筑发展的背景、特点、现状和目标，梳理了地域建筑学、绿色建筑学的基本理论，探讨了“传统绿色经验现代化”与“现代绿色技术地域化”的可行途径，提出了“文绿一体”的地域绿色建筑设计模式与评价体系，并将其应用于西部典型地域绿色建筑示范工程上，从而通过设计应用优化了西部地域绿色建筑学理论框架。四部图集中，《西部典型传统地域建筑绿色设计原理图集》对西部典型传统地域绿色建筑的设计原理进行了总结性提炼，为建筑师在西部地区进行地域性绿色建筑创作提供指导和参照；《青藏高原地域绿色建筑设计图集》、《西北荒漠区地域绿色建筑设计图集》、《西南多民族聚居区地域绿色建筑设计图集》分别以青藏高原地区、西北荒漠区、西南多民族聚居区为研究范围，凝练各地区传统地域绿色建筑的设计原理，并将其转化为空间模式、材料构造、部品部件的图示化语言，构建“文绿一体”的西北荒漠区绿色建筑技术体系，为西部不同地区的地域性绿色建筑创作提供进一步的技术支撑。

本系列丛书作为国内首个针对我国西部地区探索建筑文化与绿色协同发展的研究成果，以期为推进西部地区“文绿一体”的建筑设计研究与实践提供相应的指导价值。

本系列丛书在编写过程中得到了西安建筑科技大学刘加平院士、清华大学林波荣教授和黄献明教授级高级建筑师、西北工业大学刘煜教授、西藏大学张筱芳教授、中煤科工集团重庆设计研究院西藏分院谭建魂书记等专家学者的中肯意见和大力协助，中国建筑设计研究院有限公司、中国建筑西北设计研究院有限公司、深圳市华汇设计有限公司、天津华汇工程设计有限公司、重庆市设计院以及陕西畅兴源节能环保科技有限公司等单位为本丛书的编写提供了技术支持和多方指导，中国建筑工业出版社陈桦主任、许顺法编辑、王惠编辑为此付出了大量的心血和努力，在此特表示衷心的感谢！

庄惟敏

图集说明
Introduction of Atlas

编制背景与图集选题

本图集系科技部“十三五”国家重点研发计划项目“基于多元文化的西部地域绿色建筑模式与技术体系”的系列研究成果之一。本项目旨在探索西部地区地域建筑与绿色建筑发展的协同路径，为地域绿色建筑设计提供参考。

在我国现行国家建筑标准设计图集中，地域建筑相关的图集主要有《不同地域特色传统村镇住宅图集（上、中、下）》11SJ 937-1（1）（2）（3）、《不同地域特色村镇住宅通用图集》11SJ 937-2、《不同地域特色村镇住宅设计资料集》14CJ 38 等。图集内容主要为我国具有地域特色的传统村镇住宅的设计图纸；对于传统民居在布局、构造、选材等方面对地域环境的适应机制和相关绿色设计原理关注不多。绿色建筑相关的图集主要有《绿色建筑评价标准应用技术图示》15J-904、《公共建筑节能构造—严寒和寒冷地区》06J 908-1、《公共建筑节能构造—夏热冬冷和夏热冬暖地区》17J 908-2、《墙体节能建筑构造》06J-123、《屋面节能建筑构造》06J 204、《建筑围护结构节能工程做法及数据》09J 908-3、《既有建筑节能改造》16J 908-7、《被动式太阳能建筑设计》15J 908-4 等。这些图集适用于全国城镇的绿色建筑设计、新建、改建、扩建的民用建筑设计等，旨在提高绿色建筑工程设计质量和设计效率；但对于绿色建筑技术在不同地域的应用和对地域文化的回应等关注不多。综上，现有图集中较少对传统地域建筑绿色设计原理的系统阐释，缺乏将绿色建筑与地域建筑相关联、相结合解读的视角。经专家建议和前期研究，课题组以“西部典型传统地域建筑绿色设计原理图集”为题开展本图集的研究和编制工作，历时 2 年完成。

本图集旨在总结西部典型传统地域建筑的绿色设计原理。通过选取绿色性能优异的西部典型传统地域建筑案例，对其绿色原理、建筑形式、设计方法等进行总结和统一图示化表达，明晰西部典型多元文化区传统地域建筑绿色性能优异的科学机理与关键技艺，为现代绿色建筑设计（建筑师）提供具有地域文化传承性的参考案例和设计方法。

图集框架

本图集的编制对照我国现行《绿色建筑评价标准》GB/T 50378-2019 开展（以下简称《标准》）。根据该《标准》，绿色建筑评价应遵循因地制宜的原则，结合建筑所在地域的气候、环境、资源、经济和文化等特点，对建筑全寿命期内的安全耐久、健康舒适、生活便利、资源节约、环境宜居等性能进行综合评价，绿色建筑应结合地形地貌进行场地设计与建筑布局，且建筑布局应与场地的气候条件和地理环境相适应，并应对场地的风环境、光环境、热环境、声环境等加以组织和利用。该《标准》中的绿色建筑评价指标体系由安全耐久、健康舒适、生活便利、资源节约、环境宜居 5 类指标组成，每类指标均包括控制项和评分项，评价指标体系还统一设置有加分项。

按照现行《标准》中的评分项、加分项来评价西部传统地域建筑的绿色性能，最大有效项为 33 项，在全 70 项中占比 47.1%；最高有效分值为 367

《绿色建筑评价标准》GB/T 50378-2019 传统建筑有效分值对照表　　表 1

“评价指标评分项 / 提高与创新加分项”中的传统地域建筑有效项			分值	合计
4 安全耐久	Ⅰ安全	4.2.1 采用基于性能的抗震设计并合理提高建筑的抗震性能	10	57（100）
	Ⅱ耐久	4.2.6 采取提升建筑适变性的措施	18	
		4.2.7 采取提升建筑部品部件耐久性的措施	10	
		4.2.8 提高建筑结构材料的耐久性	10	
		4.2.9 合理采用耐久性好，易维护的装饰装修建筑材料	9	
5 健康舒适	Ⅲ声环境与光环境	5.2.8 充分利用天然光	12	37（100）
	Ⅳ室内热湿环境	5.2.9 具有良好的室内热湿环境	8	
		5.2.10 优化建筑空间和平面布局，改善自然通风效果	8	
		5.2.11 设置可调节遮阳设施，改善室内热舒适	9	
6 生活便利	Ⅱ服务设施	6.2.4 城市绿地、广场及公共运动场地等开敞空间，步行可达	5	15（100）
		6.2.5 合理设置健身场地和空间	10	
7 资源节约	Ⅰ节能与土地利用	7.2.1 节约集约利用土地	20	144（200）
		7.2.2 合理开发利用地下空间	12	
	Ⅱ节能与能源利用	7.2.4 优化建筑围护结构的热工性能	15	
		7.2.8 采取措施降低建筑能耗	10	
		7.2.9 结合当地气候和自然资源条件合理利用可再生能源	10	
	Ⅲ节水与水资源利用	7.2.11 绿化灌溉及空调冷却水系统采用节水设备或技术	12	
		7.2.12 结合雨水综合利用设施营造室外景观水体，室外景观水体利用雨水的补水量大于水体蒸发量的 60%，且采用保障水体水质的生态水处理技术	8	
		7.2.13 使用非传统水源	15	

续表

“评价指标评分项 / 提高与创新加分项”中的传统地域建筑有效项			分值	合计
7 资源节约	Ⅳ节材与绿色建材	7.2.14 建筑所有区域实施土建工程与装修工程一体化设计及施工	8	144（200）
		7.2.15 合理选用建筑结构材料与构件	10	
		7.2.17 选用可再循环材料、可再利用材料及利废建材	12	
		7.2.18 选用绿色建材	12	
8 环境宜居	Ⅰ场地生态与景观	8.2.1 充分保护或修复场地生态环境，合理布局建筑及景观	10	71（100）
		8.2.2 规划场地地表和屋面雨水径流，对场地雨水实施外排总量控制	10	
		8.2.3 充分利用场地空间设置绿化用地	16	
		8.2.5 利用场地空间设置绿色雨水基础设施	15	
		8.2.8 场地内风环境有利于室外行走、活动舒适和建筑的自然通风	10	
		8.2.9 采取措施降低热岛强度	10	
9 提高与创新	/	9.2.2 采用适宜地区特色的建筑风貌设计，因地制宜传承地域建筑文化	20	43（100）
		9.2.3 合理选用废弃场地进行建设，或充分利用尚可使用的旧建筑	8	
		9.2.4 场地绿容率不低于 3.0	5	
		9.2.5 采用符合工业化建造要求的结构体系与建筑构件	10	
合计				367（100）

*《绿色建筑评价标准》GB/T 50378-2019 评价指标评分项、提高与创新加分项满分值共计 700，其中传统地域建筑有效分值 367，得分率为 52.4%。

分，在满分 700 分中得分率为 52.4%（表 1）。这一结果在一定程度上也反映出传统地域建筑较为普遍地具有良好的绿色性能。研究中将上述分属《标准》中安全耐久、健康舒适、生活便利、资源节约、环境宜居、提高与创新 6 个板块的 33 个有效项，按照绿色属性及原理分类合并，最终获得分属“节地与土地利用”“节能与能源利用”“节水与水资源利用”“节材与材料利用”“室内环境与舒适”“室外环境与宜居”6 个方面的 12 条绿色策略分项。本图集即以这 6 个方面为一级目录、以 12 个绿色策略分项为二级目录、以代表性传统民居类型为三级目录，作为图集的组织架构（表 2）。

图集选例

本图集中的代表性民居类型案例主要来自 2013 年住建部主持开展的“中国传统民居类型调查”（3 卷本《中国传统民居类型全集》）。这一调查是我国目前范围最广、分类最细的传统民居类型调查。在其总结的全国 599 种传统民居类型中，西部地区占有 219 种，占比 36.6%。相比于西部地区人口占全国比重的 28%，其所拥有的传统民居类型较东部地区更为丰富。

本图集从中选取了 43 个绿色性能突出的传统民居类型、63 个典型传统地域建筑案例，通过对其绿色性能和空间特征的分析，阐述其中的绿色设计原理。案例选取中综合考虑了行政区分布和气候区分布上的均衡性。最终选取的 63 个案例较为均匀地分布于西部地区的陕西、甘肃、宁夏、新疆、四川、重庆、云南、贵州、广西、西藏、青海、内蒙古等 12 个省、自治区和直辖市；覆盖了西北荒漠区、青藏高原区、西南多民族区、陕陇黄土区等西部综合地域分区；基本反映出西部传统地域建筑应对不同气候、地形、资源挑战的绿色设计概貌。

本图集一、二级目录与有效项对照表　　表 2

一级目录	二级目录	对应《绿色建筑评价标准》GB/T 50378-2019 有效项
1. 节地与土地利用	1.1 土地集约利用	7.2.1；9.2.3
	1.2 地下空间利用	7.2.2
2. 节能与能源利用	2.1 冬季保温	4.2.6；7.2.4；7.2.8；7.2.9
	2.2 夏季防热	4.2.6；7.2.4；7.2.8；7.2.9
3. 节水与水资源利用	3.1 雨水收集与利用	7.2.11；7.2.12；7.2.13；8.2.2；8.2.5
	3.2 生产生活综合用水	7.2.11；7.2.12；7.2.13
4. 节材与材料利用	4.1 就地取材	4.2.1；7.2.14；7.2.15；7.2.17；7.2.18；9.2.2；9.2.5
	4.2 材料循环利用	4.2.6；4.2.7；4.2.8；4.2.9；7.2.17；7.2.18；9.2.5
5. 室内环境与舒适	5.1 空间比例改善室内采光	5.2.8；5.2.11
	5.2 自然通风与气流组织	5.2.9；5.2.10
6. 室外环境与宜居	6.1 结合地形地貌的场地设计	6.2.4；6.2.5；8.2.1；8.2.2；8.2.3
	6.2 微气候调节	8.2.1；8.2.3；8.2.8；8.2.9；9.2.4

图集中对这些典型传统民居类型（即三级目录）采取统一的命名方式，即“一级行政区划（省、自治区、直辖市）- 民族 / 地区 - 空间形式 / 材料特征”，如陕西关中地坑院、云南苗族吊脚楼、西藏阿里窑洞等。这种命名方式不仅能充分体现传统民居类型的地域、民族、材料及形态特征，

也有利于对同地域不同民族、同民族不同地域的传统民居类型的直观比较。

原理总结与表达

本图集中关于案例的图文阐释包括以下三个部分：案例基本信息、绿色设计原理和案例基础图纸。

“案例基本信息”以文字为主，具体包括四部分内容：①基本信息，包括建筑案例所在省市、所属民族、主要功能、建筑材料等；②环境挑战，凝练该案例所处地域在气候、地形、资源等方面的主要挑战；③绿色经验，总结该案例在建筑设计方面的主要绿色经验；④设计建议，提出该案例绿色设计原理在当代地域绿色建筑设计中的应用范围和具体建议（如建筑选址、场地布局、空间组织、竖向设计、围护结构设计、材料选择、构造设计、景观设计等方面）。

“绿色设计原理”以分析图为主，是本图集的重点内容。针对每个案例的绿色设计原理，从场地布局、形体空间、围护结构、重点部件等多维层面进行原理总结和图示化表现。设计原理图的绘制，以典型建筑案例的三维简化轴测图为底图，采用统一图例语言（如表示地形改造程度、室外场地范围、室内空间比例、采光方向、降水条件、室内外温差等），使绿色设计原理简明易懂。此外还配有典型案例的实景照片，帮助读者在真实的建筑场景中理解抽象的设计原理。

“案例基础图集”以技术图纸为主，是本图集的辅助内容。针对每个案例，提供包括建筑群总平面图、建筑单体平面图、立面图、剖面图在内的建筑基础图纸，帮助读者了解建筑案例的真实情况（图 1）。

本图集的目标使用者包括建筑师、建筑系学生、建筑设计相关从业者及爱好者。希望本图集对西部典型传统地域建筑绿色设计原理的图解和阐释，能帮助读者更直观地认识传统地域建筑的绿色本质及其实现机制，也能为当代地域绿色建筑设计者提供设计原理和方法层面的更多参考。

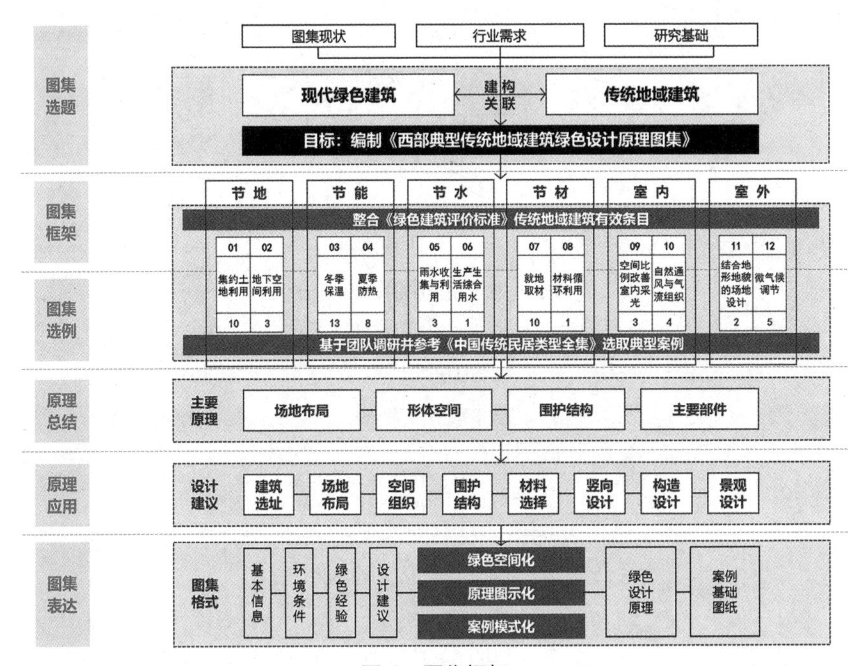

图 1　图集框架

第 1 章

节地与土地利用

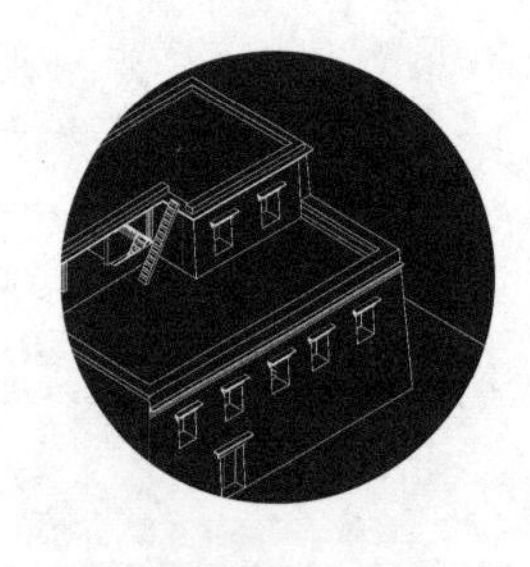

第 2 章

节能与能源利用

目录

CONTENTS

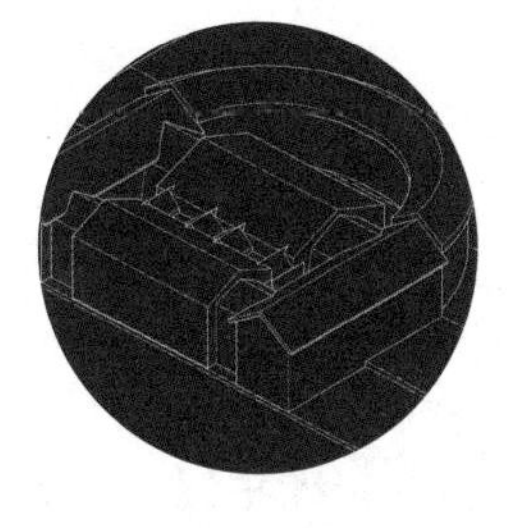

第 3 章

节水与水资源利用

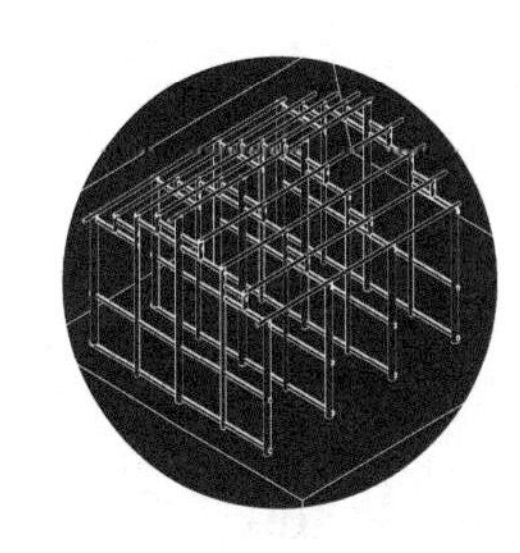

第 4 章

节材与材料利用

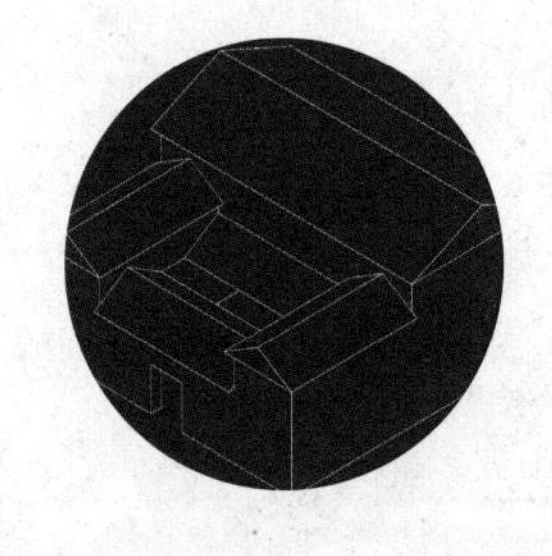

第 5 章

室内环境与舒适

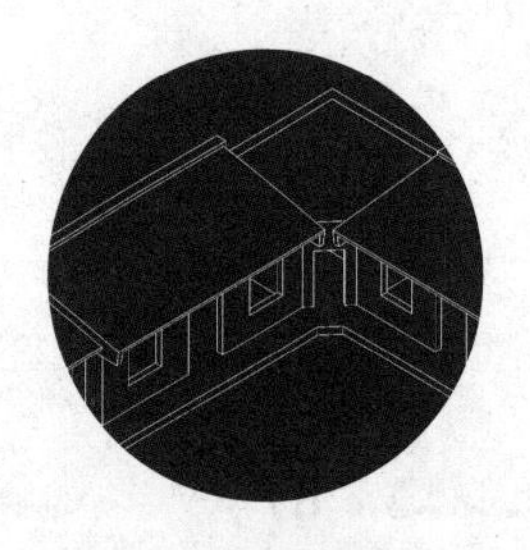

第 6 章

室外环境与宜居

第 1 章

节地与土地利用

1.1　土地集约利用

陕西北部靠崖窑

基本信息

- 分布：陕西省延安、榆林一带
- 民族：汉族
- 材料：黄土、木材、麦草黄泥、石灰砂浆
- 结构：土构

环境条件

- 地形多陡坡和深沟，可利用平地少；
- 土质直立稳定性较好，利于开挖；
- 冬冷夏热，气温日较差大；
- 日照充足；
- 降水量小。

绿色经验

- 建筑选址多利用山地、台地等较难耕种的土地进行建设，以节约用地；
- 建筑组群随等高线采用层叠退台式布局，以减少土方搬运并节约用地；
- 建筑平面一般呈长方形，进深 - 面宽比较大，冬季可以满足基本采光需求。

设计建议

- 场地布局方面，建议采用台地式布局，以集约利用土地；
- 竖向设计方面，建议结合自然地形进行建筑布局，以减少土方量。

绿色设计原理

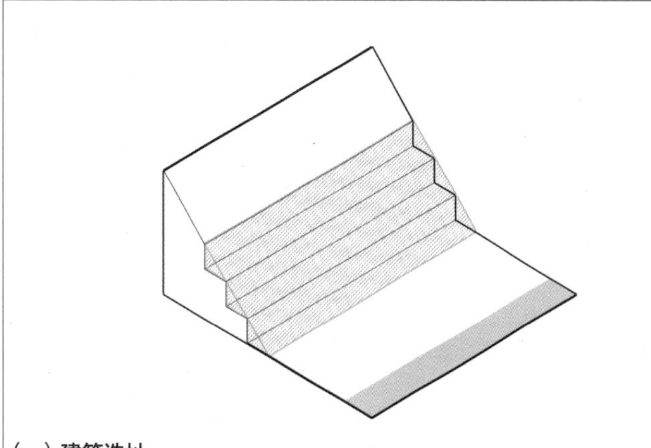

(a) 建筑选址
建筑选址多利用山地、台地等较难耕种的土地进行建设

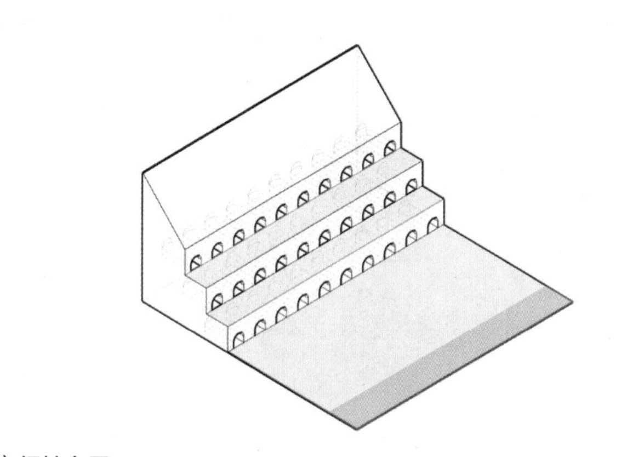

(b) 场地布局
建筑组群随等高线采用层叠退台式布局

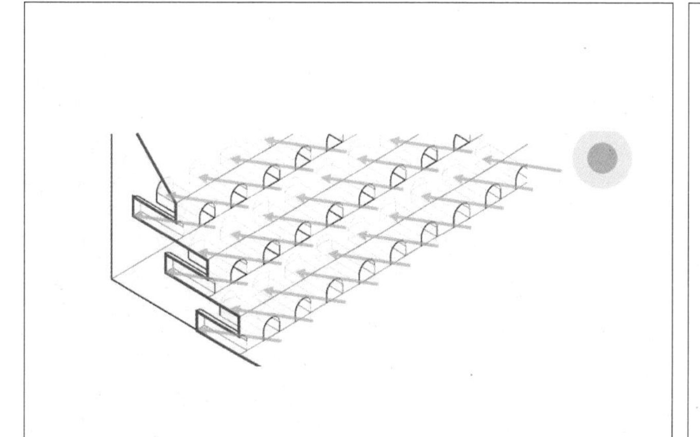

(c) 空间比例
建筑平面一般呈长方形，进深 - 面宽比较大

(d) 案例照片

图 1.1-1　陕西北部靠崖窑绿色设计原理分析

陕西北部靠崖窑

案例基础图纸

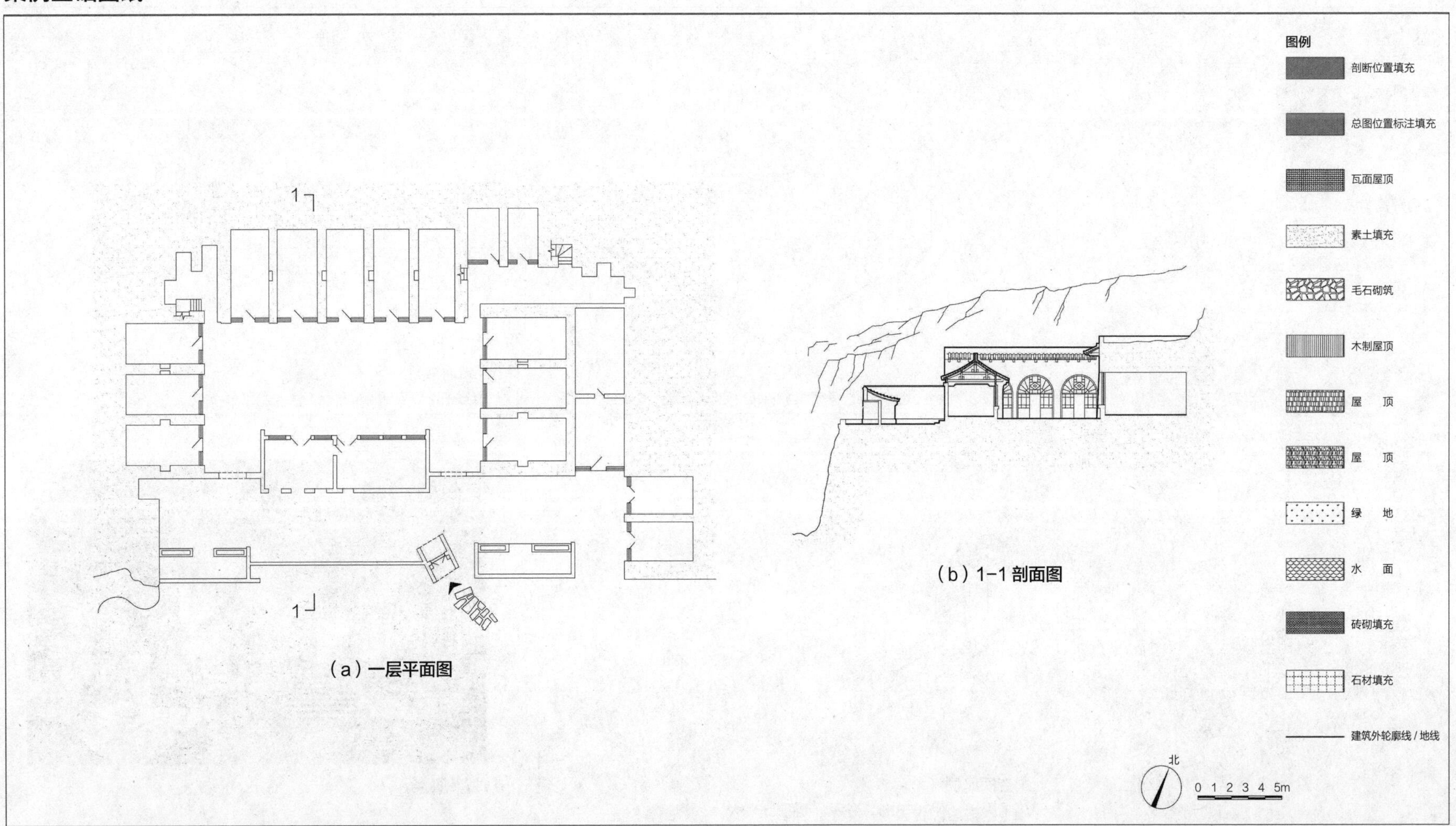

图 1.1-2 陕西榆林市米脂县骥村古寨马家老院基础图纸

新疆维吾尔族喀什民居

基本信息

- 分布：新疆维吾尔自治区喀什地区
- 民族：维吾尔族
- 材料：土坯、木材
- 结构：土木混合结构

环境条件

- 人口密度大，用地紧张；
- 地形地貌复杂，可利用平地少；
- 气候干热，气温日较差大；
- 降水量小；
- 多风沙。

绿色经验

- 建筑组群多采用巷道式密集布局，由一条主干道和若干次干道组成交通网络，以节约用地，利于通风和遮阳；
- 以建筑围合成的院落为基本空间单元，可以叠落或扩展，以集约利用土地，并适应需求变化。

设计建议

- 场地布局方面，建议采用密集、灵活的布局方式，以集约利用土地；
- 空间组织方面，建议采用符合工业化建造要求的结构体系，以集约利用土地，并提升建筑的适变性；建议优化院落空间和建筑平面布局，以改善自然通风。

绿色设计原理

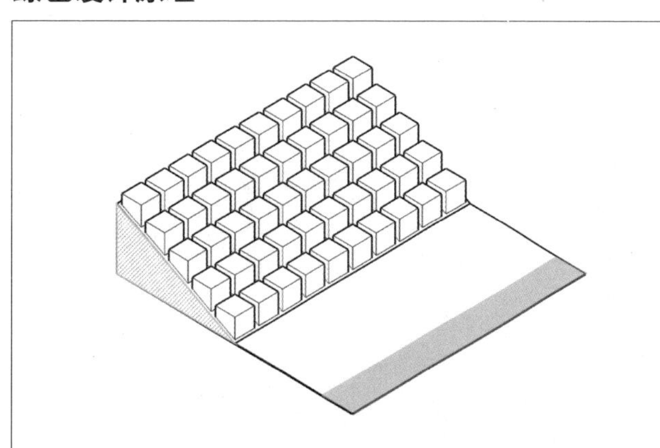

(a) **建筑选址**

建筑选址多近水，顺应地形地势

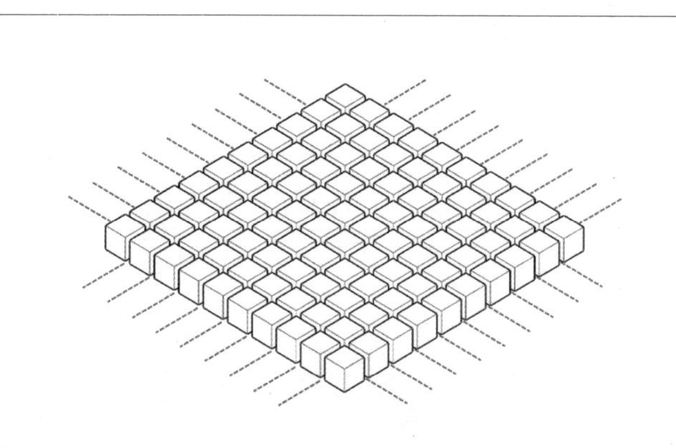

(b) **场地布局**

建筑组群多采用巷道式密集布局

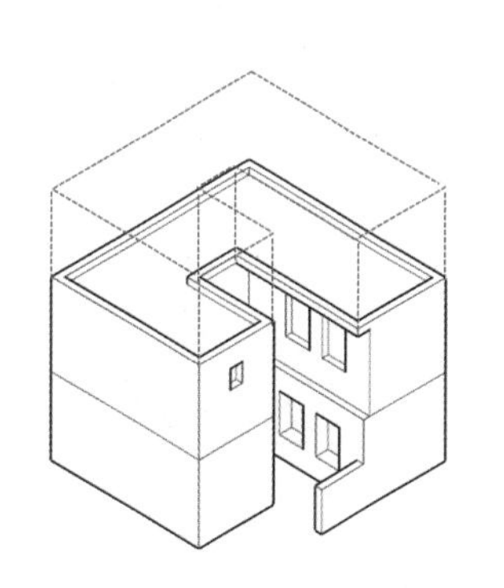

(c) **空间组织**

以建筑围合成的院落为基本空间单元

(d) **案例照片**

图 1.1-3　新疆维吾尔族喀什民居绿色设计原理分析

新疆维吾尔族喀什民居

案例基础图纸

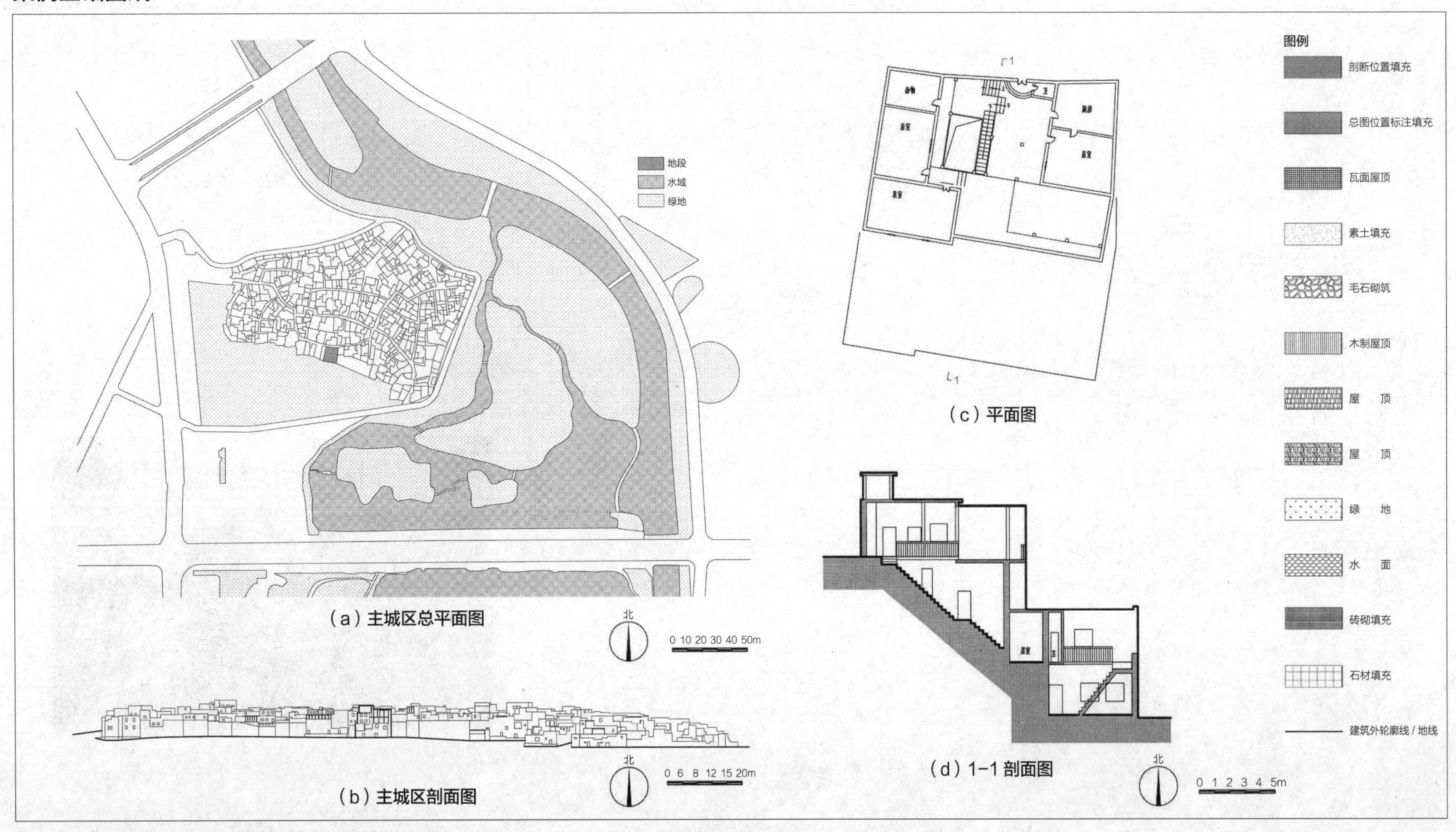

（a）主城区总平面图

（b）主城区剖面图

（c）平面图

（d）1–1 剖面图

图 1.1–4 新疆喀什地区主城区某民居基础图纸

四川城镇店宅

基本信息

- 分布：四川省内城镇、乡场
- 民族：汉族
- 材料：木材、青瓦
- 结构：木构

环境条件

- 人口密度大，用地紧张。

绿色经验

- 建筑组群多采用联排式布局，形成纵横网络，以节约用地；
- 院落多采用紧凑的多进天井院格局，进深－面宽比较大，并采用前店后宅的复合功能组织模式以提升土地使用效率。

设计建议

- 场地布局和空间组织方面，建议采用紧凑的布局方式，优化建筑平面布局，并采用复合功能组织模式，以提高土地使用效率。

绿色设计原理

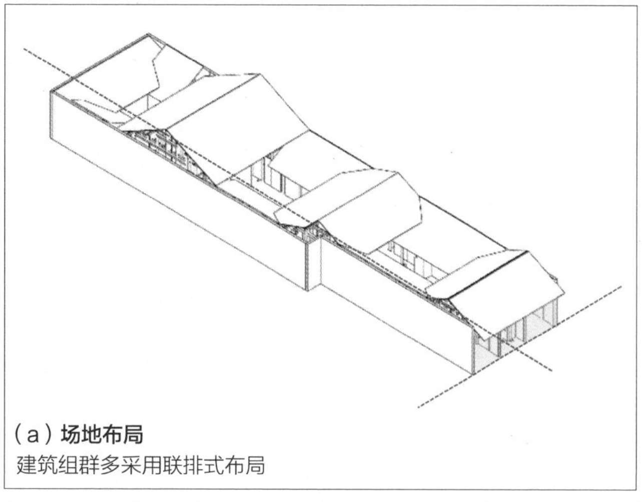

（a）**场地布局**
建筑组群多采用联排式布局

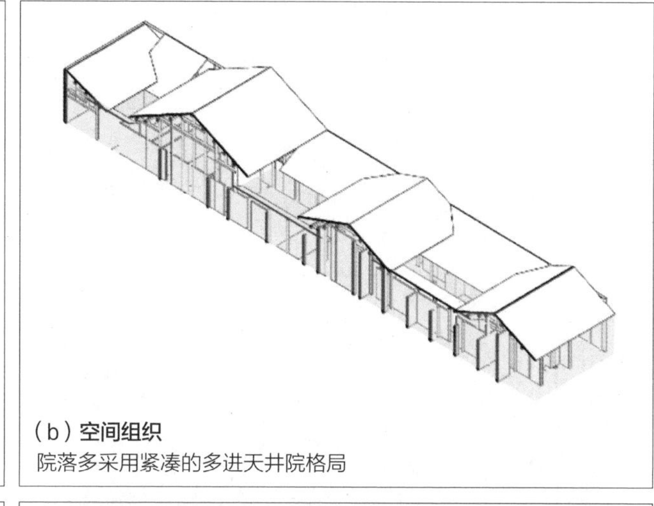

（b）**空间组织**
院落多采用紧凑的多进天井院格局

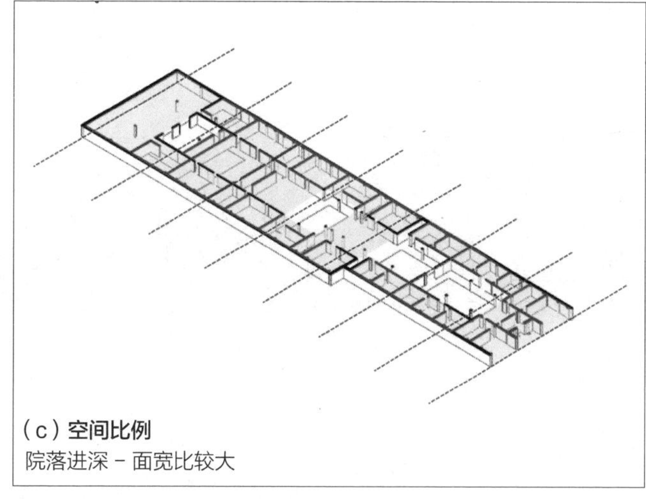

（c）**空间比例**
院落进深－面宽比较大

（d）**案例照片**

图 1.1-5　四川城镇店宅绿色设计原理分析

四川城镇店宅

案例基础图纸

（a）一层平面图

（b）1-1 剖面图

图 1.1-6　四川内江市资中县恒升当铺基础图纸

云南苗族吊脚楼

基本信息

- 分布：云南省文山苗族壮族自治州
- 民族：苗族
- 材料：木材、青瓦、杉树皮
- 结构：木构

环境条件

- 气候温和，气温年较差小、日较差大；
- 降水量大但分布不均。

绿色经验

- 建筑选址多利用山地、台地等较难耕种的土地进行建设，以节约用地；
- 场地布局充分利用山地高差，以获得不同高程的建筑和场地空间；
- 建筑结构采用干栏或半干栏式，以适应不同地形，集约利用土地。

设计建议

- 场地布局和空间组织方面，建议采用适宜、灵活的结构，结合自然地形灵活布局，以适应不同地形，集约利用土地。

绿色设计原理

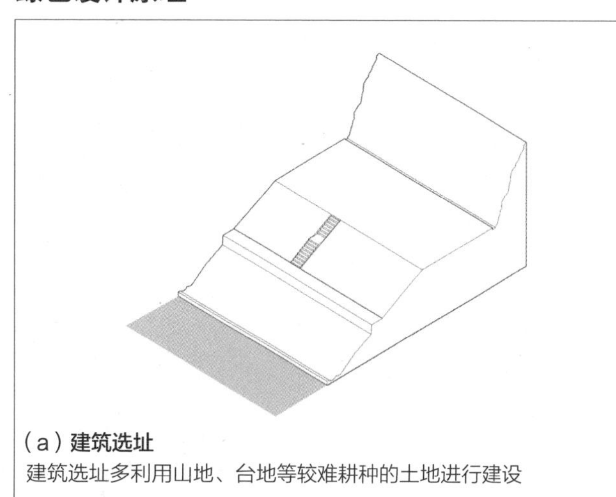

（a）**建筑选址**
建筑选址多利用山地、台地等较难耕种的土地进行建设

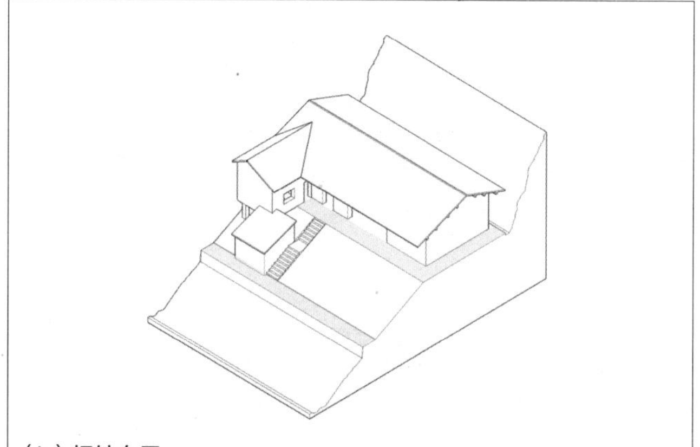

（b）**场地布局**
场地布局充分利用山地高差

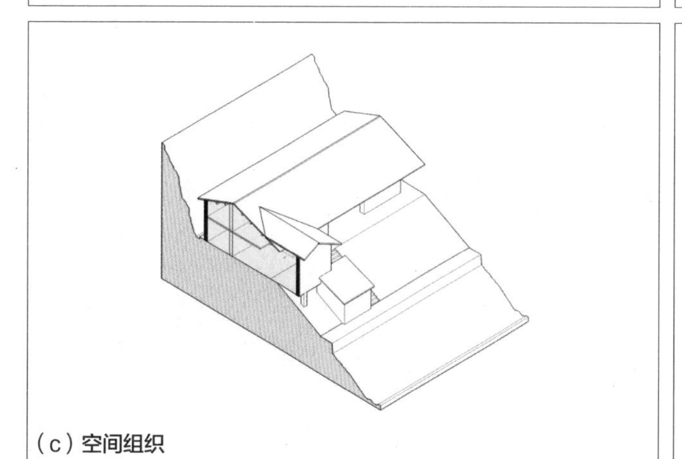

（c）**空间组织**
建筑结构采用干栏或半干栏式

（d）**案例照片**

图 1.1-7　云南苗族吊脚楼绿色设计原理分析

云南苗族吊脚楼

案例基础图纸

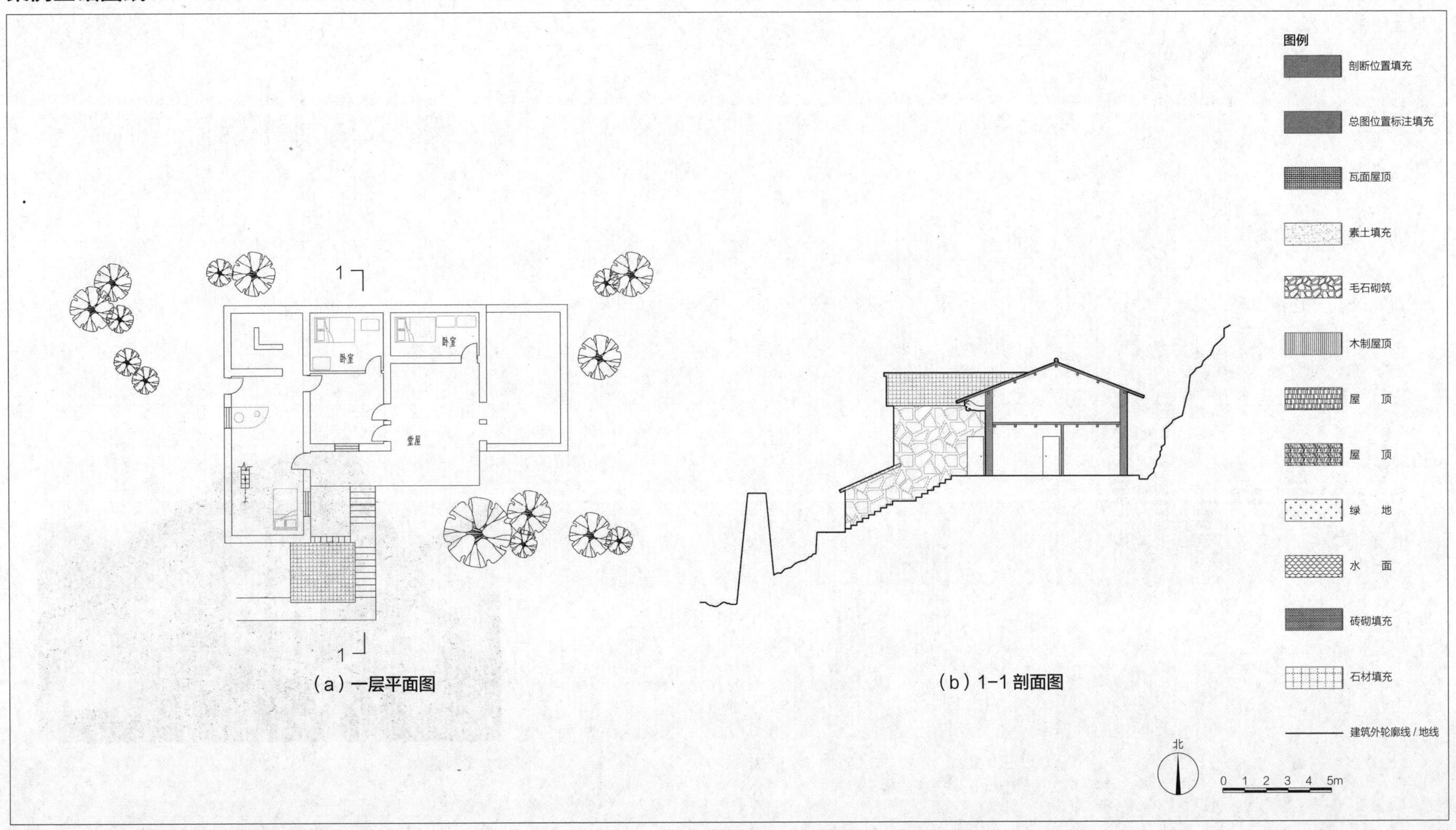

图 1.1–8　云南昭通市威信县大湾村曹宅基础图纸

云南怒族木楞房

基本信息

- 分布：云南省怒江傈僳族自治州贡山独龙族怒族自治县
- 民族：独龙族、怒族
- 材料：木材、竹席、茅草
- 结构：木构

环境条件

- 山地坡度大，可利用平地少；
- 气温日较差大。

绿色经验

- 建筑选址多利用山地、台地等较难耕种的土地进行建设，以节约用地；
- 场地布局充分利用山地高差，以获得不同高程的建筑和场地空间。

设计建议

- 场地布局方面，建议结合自然地形灵活布局，以集约利用土地。

绿色设计原理

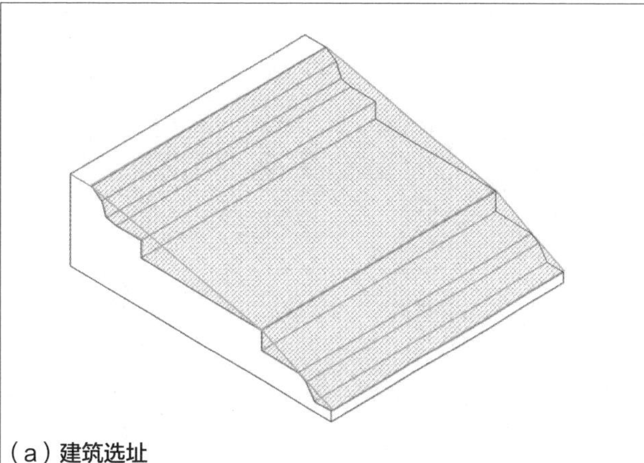

（a）**建筑选址**
建筑选址多利用山地、台地等较难耕种的土地进行建设

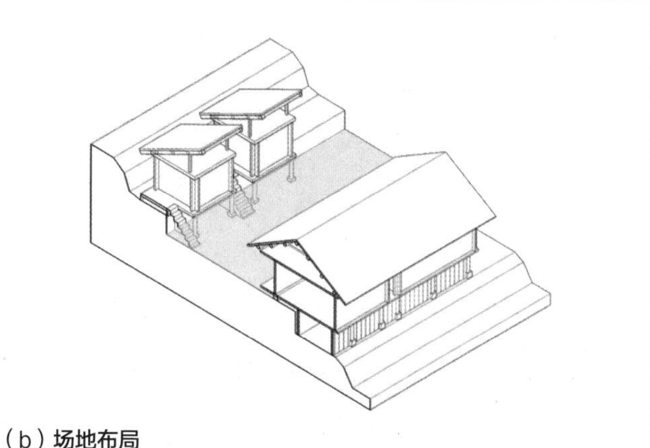

（b）**场地布局**
场地布局充分利用山地高差

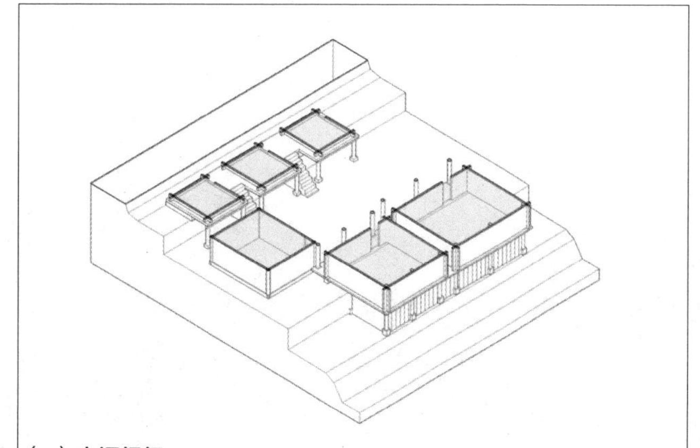

（c）**空间组织**
建筑结构和空间单元化

（d）**案例照片**

图 1.1-9　云南怒族木楞房绿色设计原理分析

云南怒族木楞房

案例基础图纸

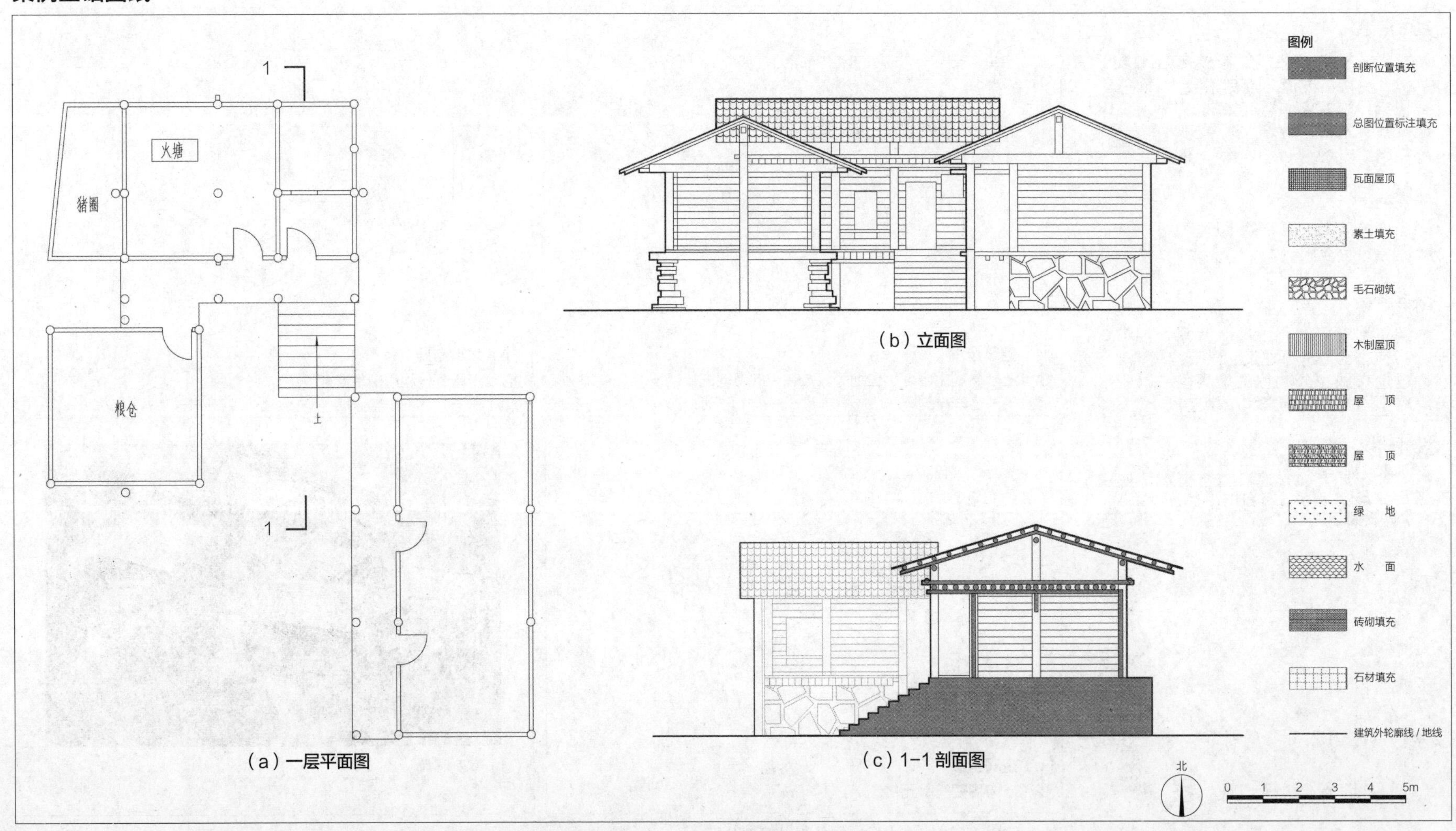

（a）一层平面图

（b）立面图

（c）1–1 剖面图

图 1.1–10 云南怒江傈僳族自治州贡山独龙族怒族自治县丙中洛镇秋那桶村伍里二组李宅基础图纸

云南彝族土掌房

绿色设计原理

基本信息

- 分布：云南省哀牢山、红河流域和金沙江流域
- 民族：彝族
- 材料：土坯、木材、柴草
- 结构：土构

环境条件

- 山地坡度大，可利用的平地少；
- 气候干热；
- 降水量小。

绿色经验

- 建筑组群顺应地形采用层叠退台式布局，以减少土方搬运，并以屋顶作为晾晒场地和室外活动空间，以节约用地；
- 建筑形体规整，平面一般呈长方形或正方形，以提升空间使用效率，集约利用土地。

设计建议

- 场地布局和空间组织方面，建议采用台地式布局,优化建筑平面布局，以集约利用土地。

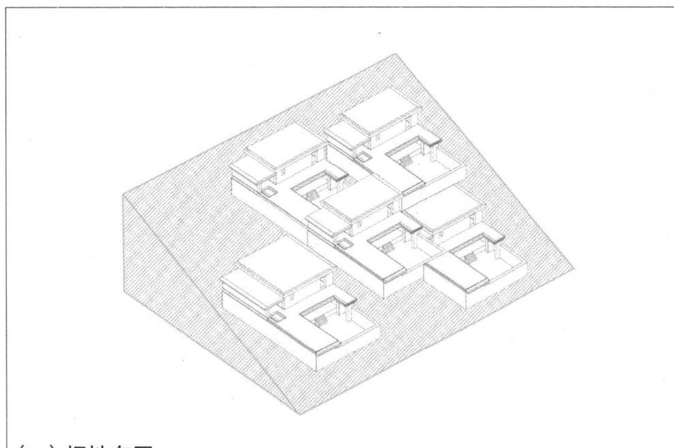

（a）**场地布局**
建筑组群顺应地形采用层叠退台式布局

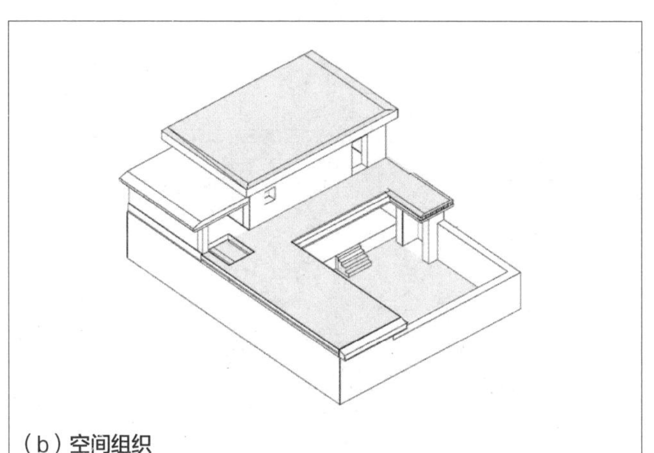

（b）**空间组织**
屋顶作为晾晒场地和室外活动空间

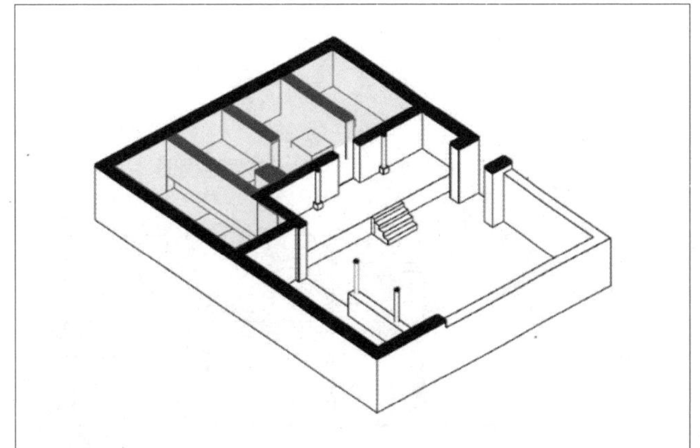

（c）**空间比例**
建筑形体规整，平面一般呈长方形或正方形

（d）**案例照片**

图 1.1-11　云南彝族土掌房绿色设计原理分析

云南彝族土掌房

案例基础图纸

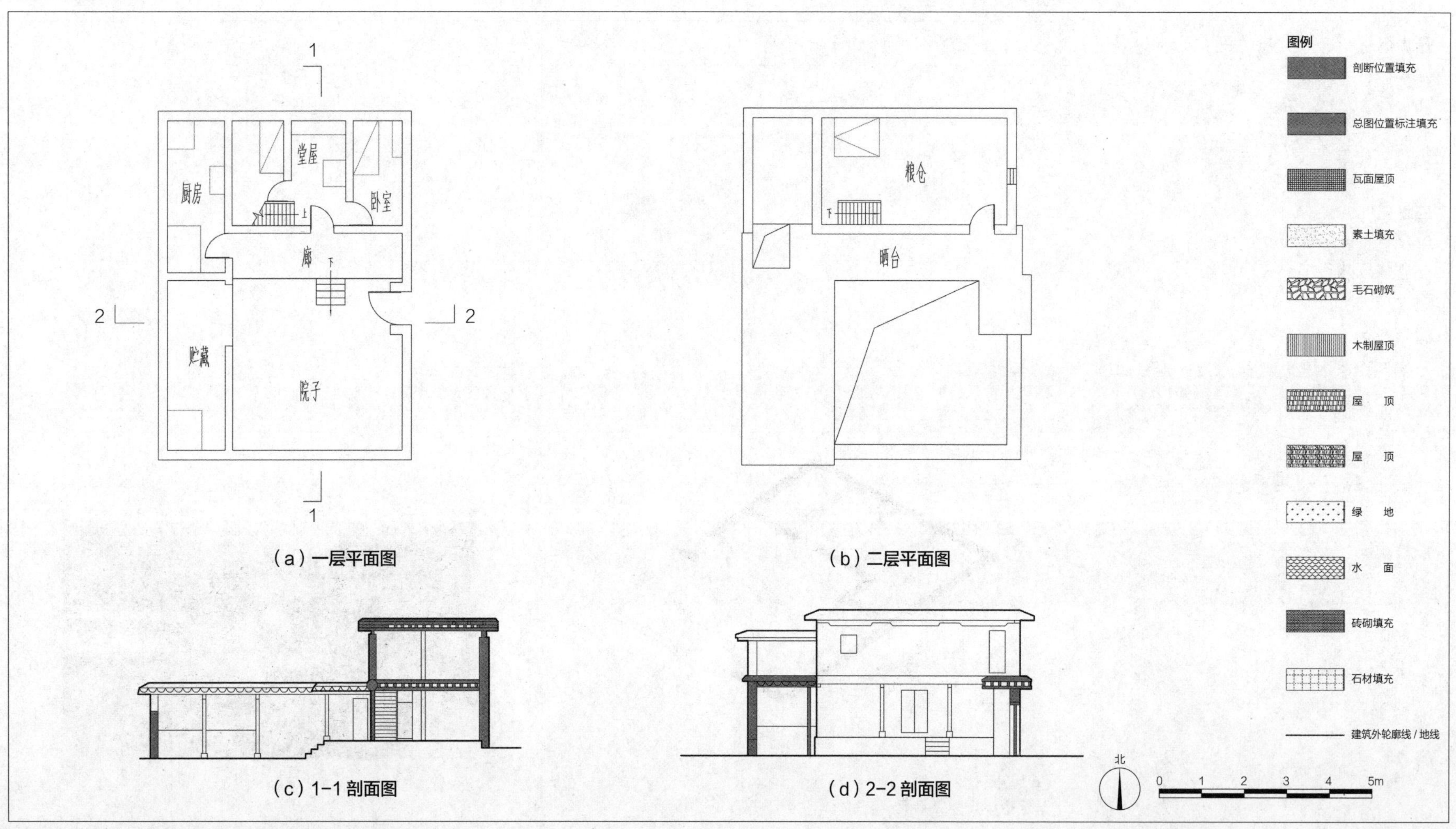

图 1.1-12　云南玉溪市新平县腰街某宅基础图纸

云南彝族瓦板房

基本信息

- 分布：云南省楚雄彝族自治州
- 民族：彝族
- 材料：木、土、竹、石
- 结构：木构

环境条件

- 人口密度大，用地紧张；
- 山地坡度大，可利用的平地少；
- 气温日较差大。

绿色经验

- 建筑形体规整，占地面积较小，无难以利用的异形空间；
- 利用不同高程的建筑和场地空间，以集约利用土地。

设计建议

- 空间组织方面，建议优化建筑形体和平面布局，以集约利用土地。

绿色设计原理

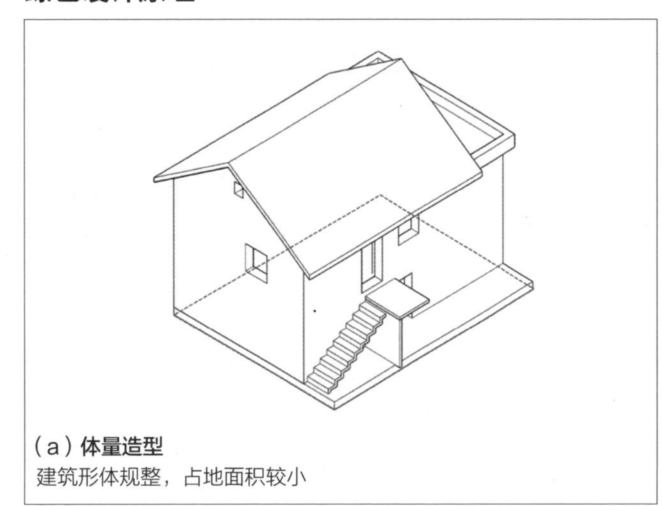

（a）**体量造型**
建筑形体规整，占地面积较小

（b）**材料选择**
组合使用耐水瓦板屋面和夯土墙体

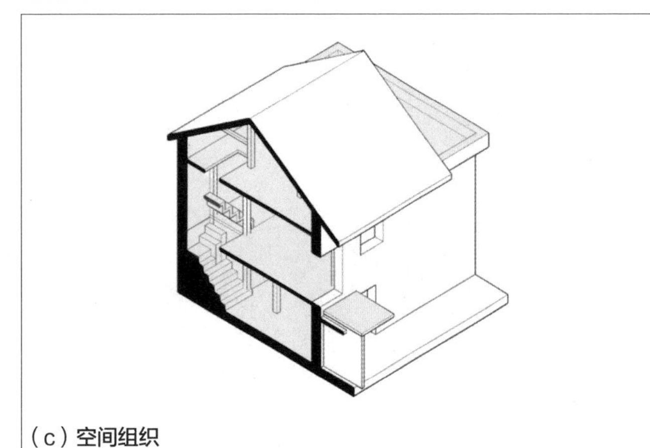

（c）**空间组织**
利用不同高程的建筑和场地空间

（d）**案例照片**

图 1.1-13　云南彝族瓦板房绿色设计原理分析

云南彝族瓦板房

案例基础图纸

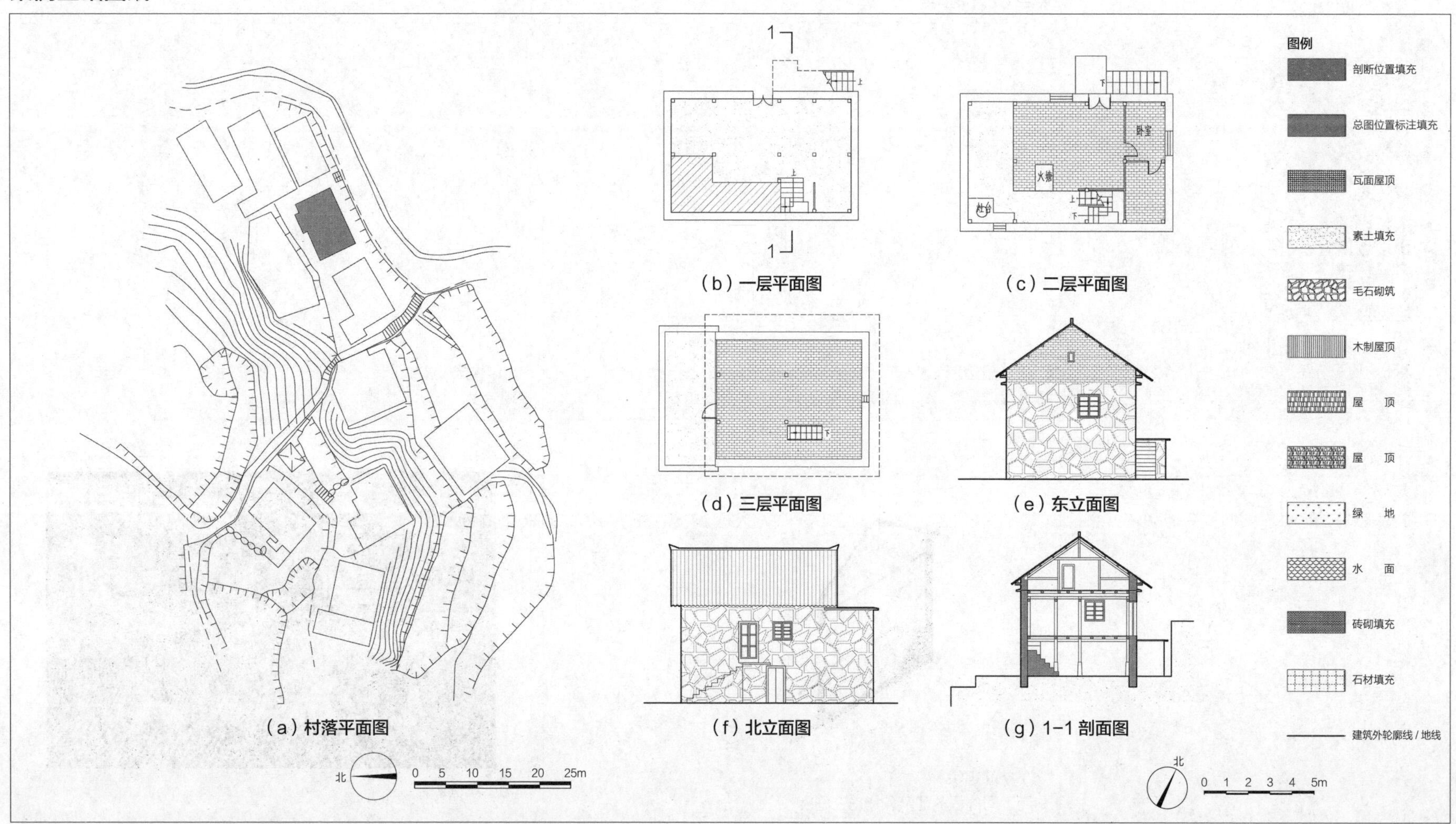

图 1.1-14　云南红河哈尼族彝族自治州元阳县多依树下寨某宅基础图纸

贵州南侗干栏式民居

基本信息

- 分布：贵州省黔东南苗族侗族自治州黎平、从江、榕江等县
- 民族：侗族
- 材料：木材、青瓦
- 结构：木构

环境条件

- 地形起伏大，可利用平地少；
- 水热条件优越，适宜林木生长；
- 夏季湿热；
- 日照强烈。

绿色经验

- 建筑选址多利用山地、台地等较难耕种的土地进行建设，以节约用地；
- 建筑平面每层向外悬挑，以获得更多使用面积；
- 利用不同高程的建筑空间，以集约利用土地。

设计建议

- 空间组织方面，建议优化建筑形体和平面布局，以集约利用土地；
- 竖向设计方面，建议结合自然地形进行建筑布局，以减少土方量。

绿色设计原理

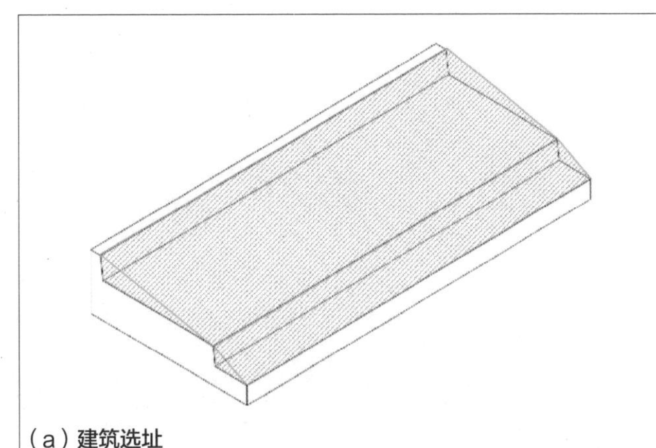

（a）**建筑选址**
建筑选址多利用山地、台地等较难耕种的土地进行建设

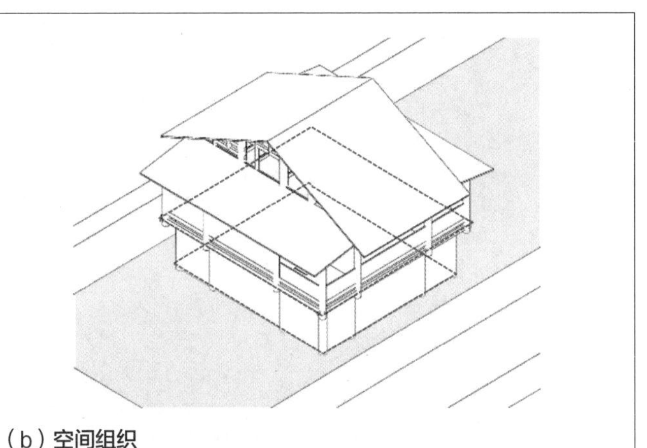

（b）**空间组织**
建筑平面每层向外悬挑

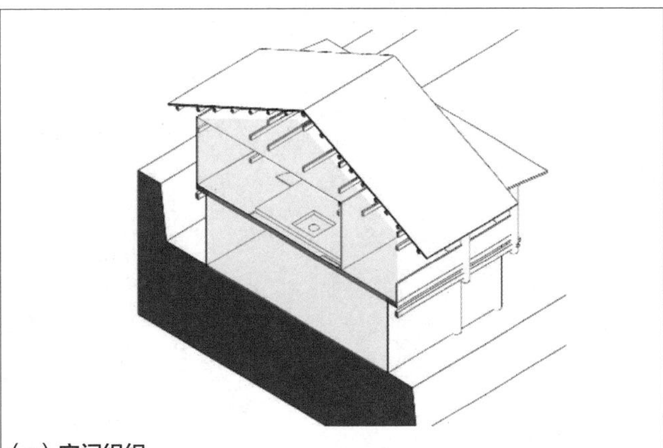

（c）**空间组织**
利用不同高程的建筑空间

（d）**案例照片**

图 1.1-15　贵州南侗干栏式民居绿色设计原理分析

贵州南侗干栏式民居

案例基础图纸

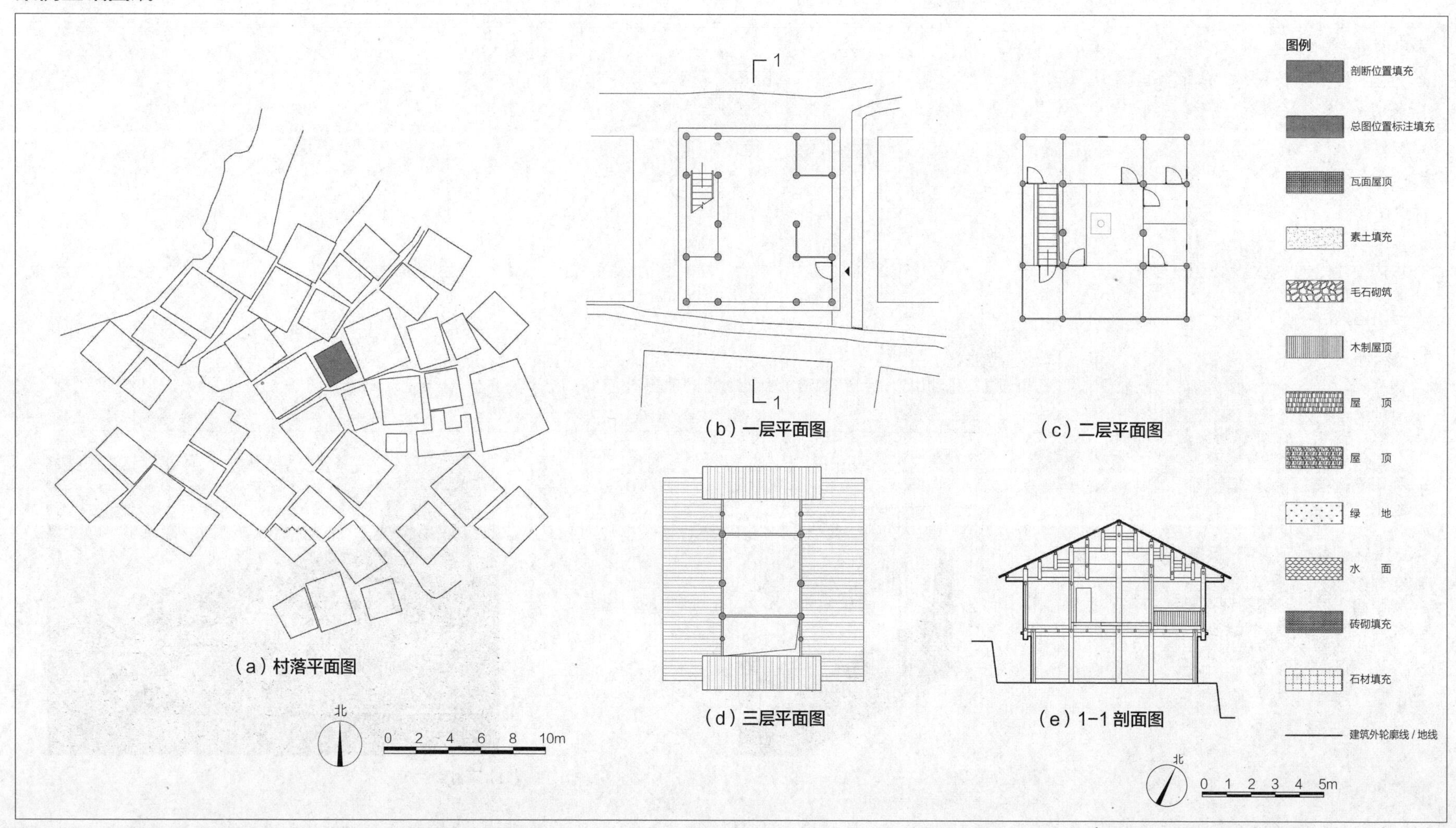

图 1.1-16　贵州黔东南苗族侗族自治州从江县小黄村潘宅基础图纸

广西骑楼民居

基本信息

- 分布：广西壮族自治区梧州、北海、南宁、玉林、钦州等市
- 民族：汉族
- 材料：砖、木、石
- 结构：砖木混合结构

环境条件

- 人口密度大，用地紧张。

绿色经验

- 建筑组群多采用联排式布局，以节约用地，并形成连续的骑楼柱廊作为交通空间，以集约利用土地；
- 建筑平面进深 – 面宽比较大，以集约利用土地。

设计建议

- 场地布局方面，建议采用紧凑的布局方式，以集约利用土地；
- 空间组织方面，建议优化建筑形体和平面布局，以集约利用土地。

绿色设计原理

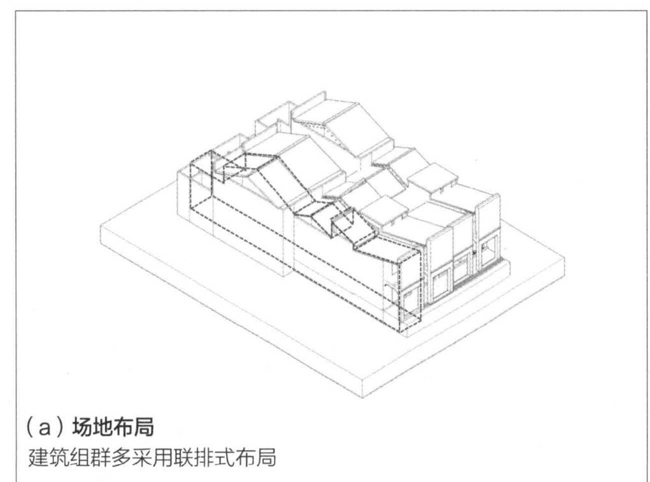

（a）**场地布局**
建筑组群多采用联排式布局

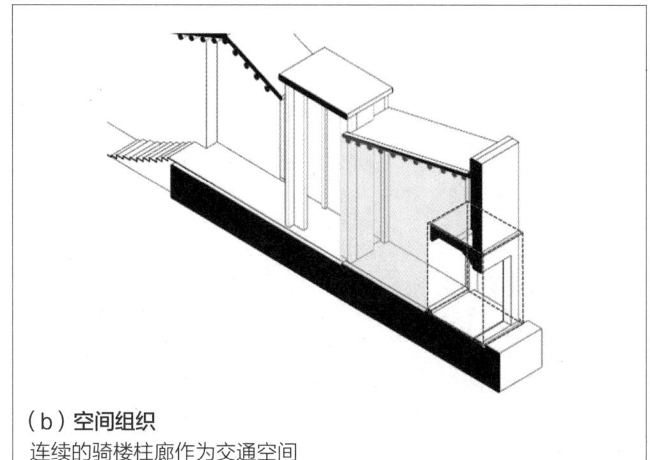

（b）**空间组织**
连续的骑楼柱廊作为交通空间

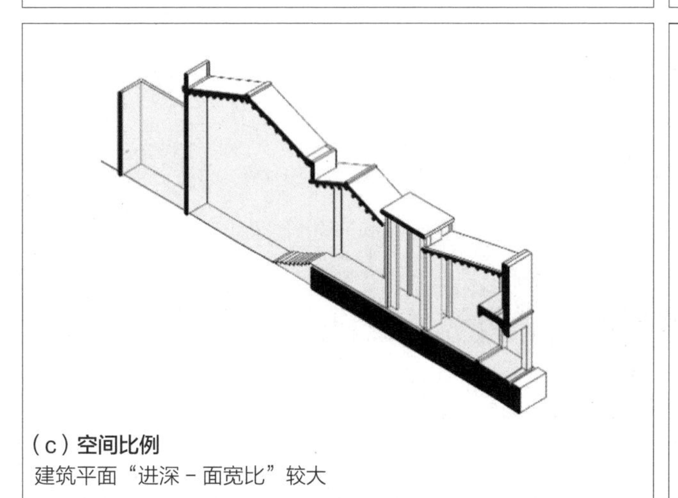

（c）**空间比例**
建筑平面“进深 – 面宽比”较大

（d）**案例照片**

图 1.1–17　广西骑楼民居绿色设计原理分析

广西骑楼民居

案例基础图纸

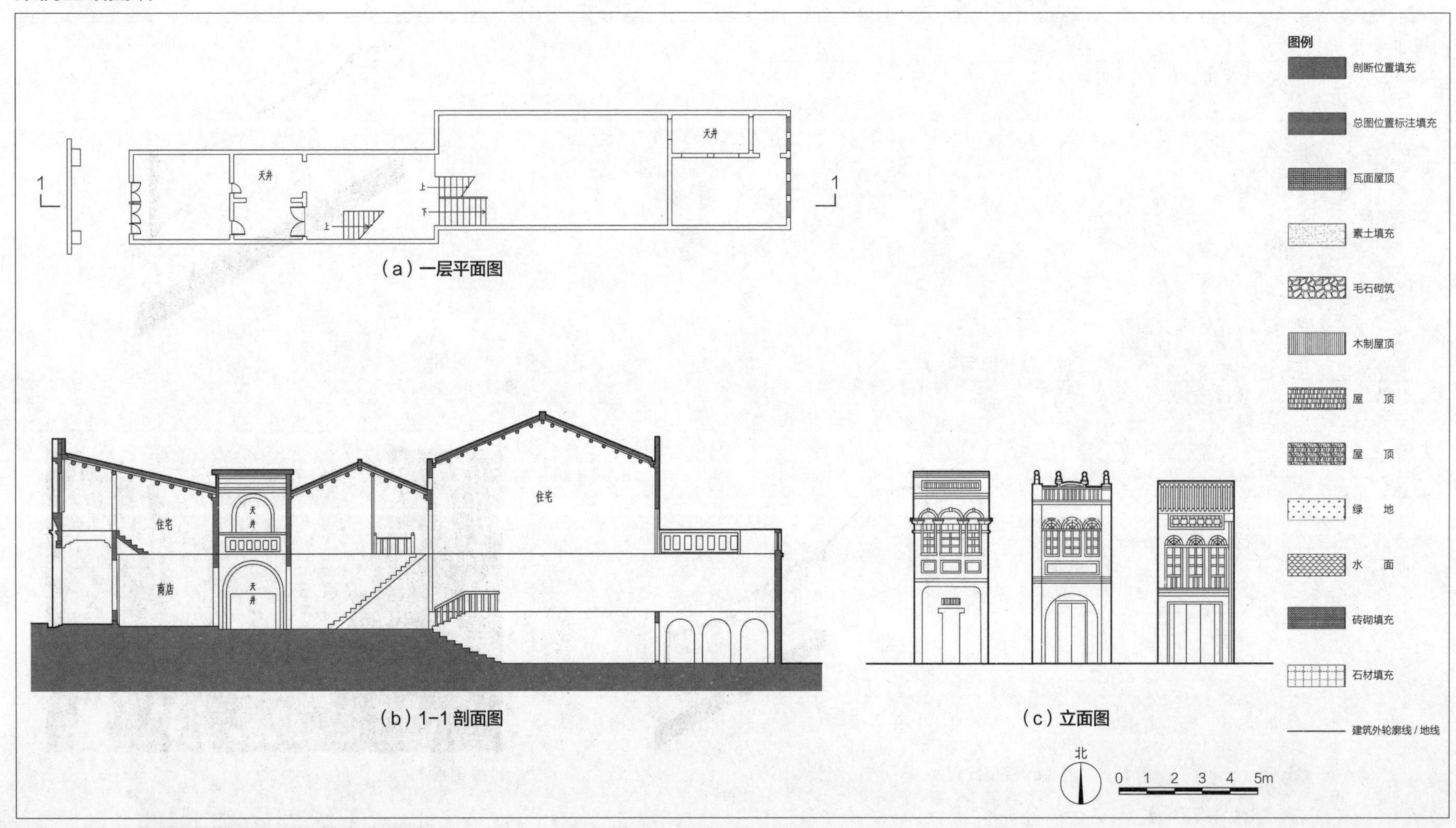

图 1.1-18　广西北海珠海路（东段）骑楼街基础图纸

广西壮族干栏式民居

基本信息

- 分布：广西壮族自治区西北、西南地区
- 民族：壮族
- 材料：石材、木材、青砖、灰瓦
- 结构：木构

环境条件

- 山地坡度大，可利用平地少；
- 气候湿热。

绿色经验

- 建筑选址多利用山地、台地等较难耕种的土地进行建设，以节约用地；
- 场地布局充分利用山地高差，以获得不同高程的建筑和场地空间；
- 建筑结构采用干栏或半干栏式，合理分布功能空间，以集约利用土地。

设计建议

- 空间组织方面，建议优化建筑平面布局，以集约利用土地；
- 竖向设计方面，建议结合自然地形进行建筑布局，以减少土方量。

绿色设计原理

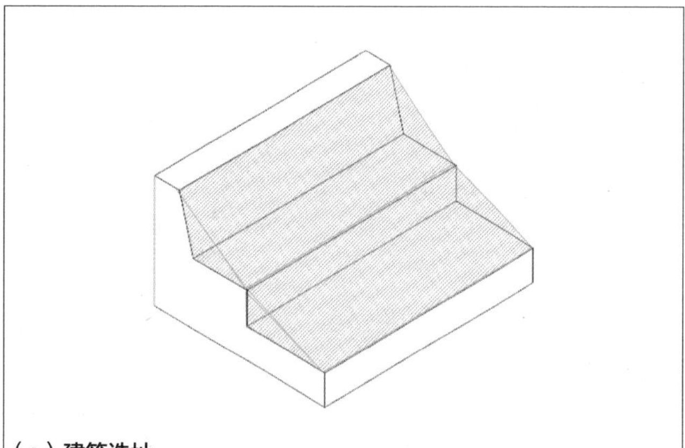

（a）建筑选址
建筑选址多利用山地、台地等较难耕种的土地进行建设

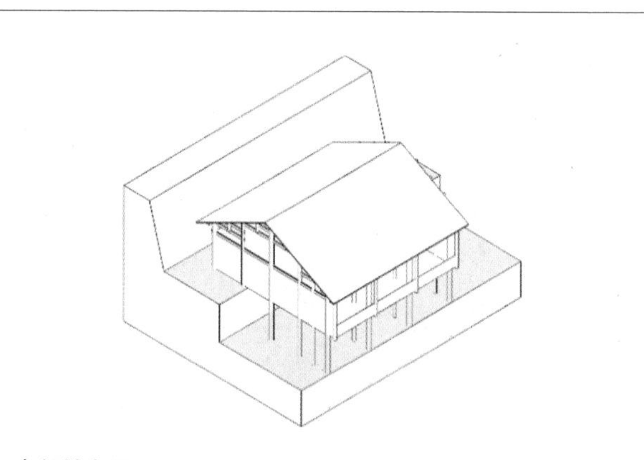

（b）场地布局
场地布局充分利用山地高差

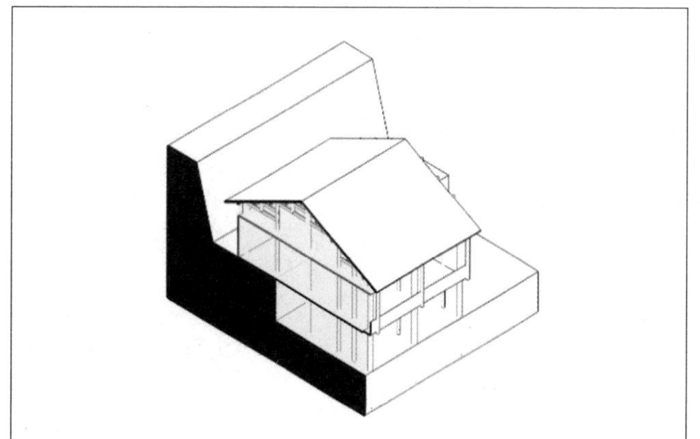

（c）空间组织
建筑结构采用干栏或半干栏式，合理分布功能空间

（d）案例照片

图 1.1-19　广西壮族干栏式民居绿色设计原理分析

广西壮族干栏式民居

案例基础图纸

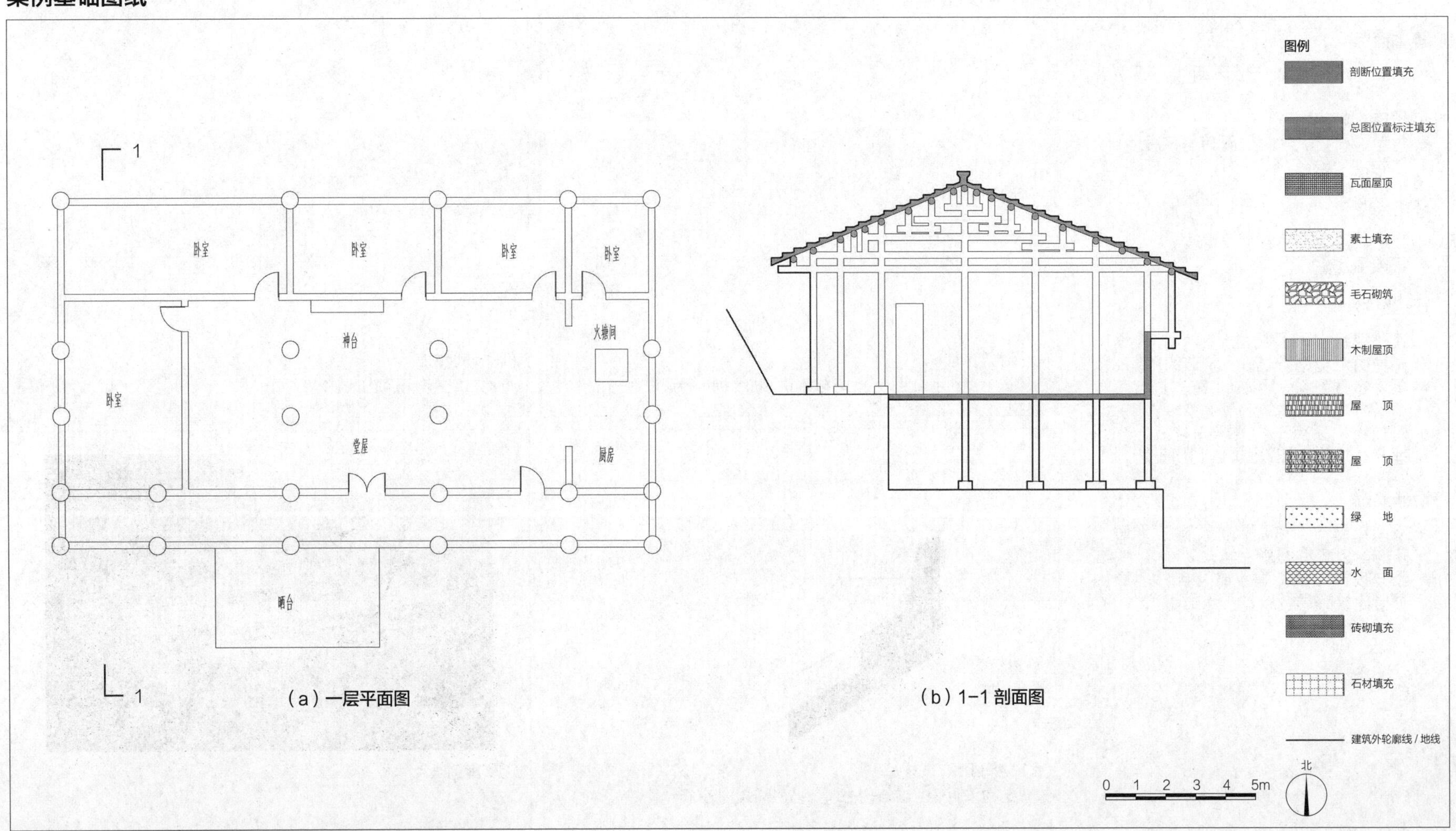

图 1.1-20 广西桂林市龙胜各族自治县金竹壮寨廖宅基础图纸

1.2　地下空间利用

陕西关中地坑院

基本信息

- 分布：陕西省关中地区渭北平原
- 民族：汉族
- 材料：土坯、木材
- 结构：土构

环境条件

- 地势平坦，土层深厚，土质紧密；
- 冬季寒冷干燥，夏季炎热多雨；
- 早晚温差较大；
- 多大风。

绿色经验

- 建筑空间布局采用地下合院模式，以充分利用地下空间，并利用窑顶地面作为生产用地和晾晒场地，以集约利用土地；
- 剖面设计中选择适宜的院落高宽比，以使窑洞内部满足基本采光、通风需求。

设计建议

- 场地布局方面，建议合理开发利用地下空间，以集约利用土地；
- 空间组织方面，建议优化建筑平面布局和空间比例，充分利用天然光，并改善自然通风。

绿色设计原理

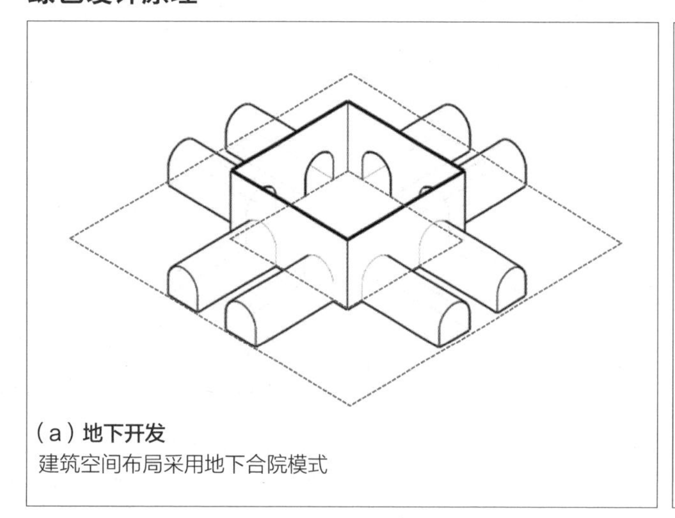

（a）地下开发

建筑空间布局采用地下合院模式

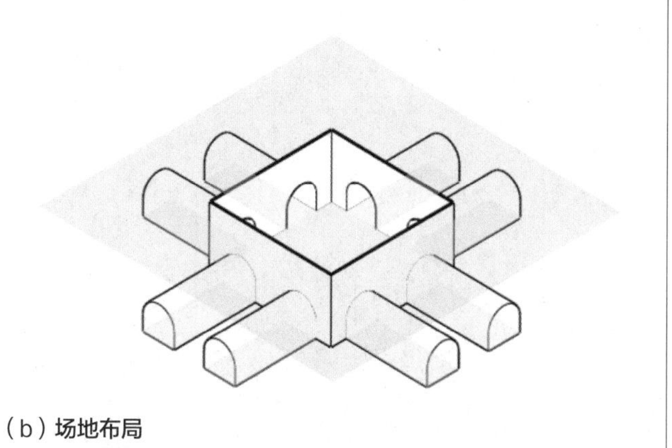

（b）场地布局

窑顶地面作为生产用地和晾晒场地

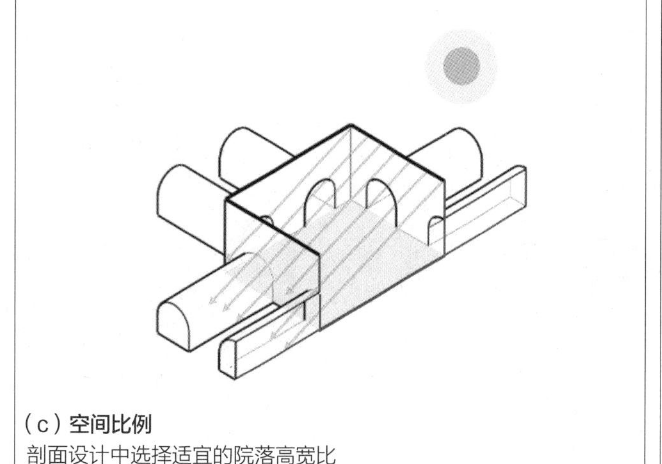

（c）空间比例

剖面设计中选择适宜的院落高宽比

（d）案例照片

图 1.2-1　陕西关中地坑院绿色设计原理分析

陕西关中地坑院

案例基础图纸

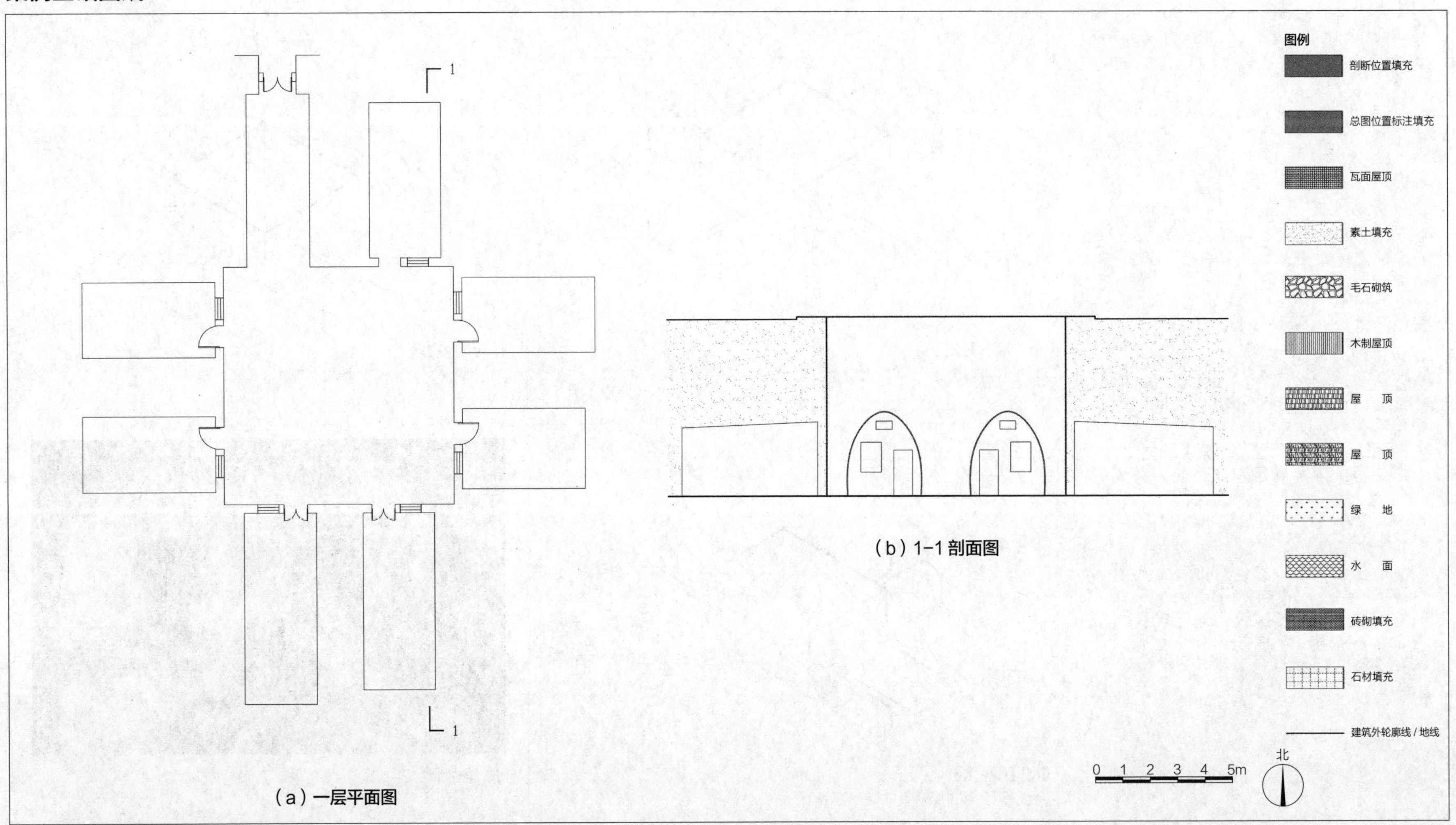

图 1.2-2 陕西咸阳市三原县柏社村某地坑院基础图纸

甘肃陇东地坑窑

基本信息

- 分布：甘肃省陇东地区庆阳、平凉等市
- 民族：汉族
- 材料：土、木、砖、石
- 结构：土构

环境条件

- 地势平坦，土层深厚，土质坚硬，持水量小；
- 气温日较差大；
- 日照强烈；
- 降水集中。

绿色经验

- 建筑空间布局采用地下合院模式，以充分利用地下空间；
- 剖面设计中选择适宜的院落高宽比，以使窑洞内部满足基本采光、通风需求；
- 建筑结构和空间单元化，可以扩展或打通，形成多进院落，以适应需求变化。

设计建议

- 场地布局方面，建议合理开发利用地下空间，以集约利用土地；
- 空间组织方面，建议采用符合工业化建造要求的结构体系，以提升建筑的适变性；建议优化建筑平面布局和空间比例，充分利用天然光，并改善自然通风。

绿色设计原理

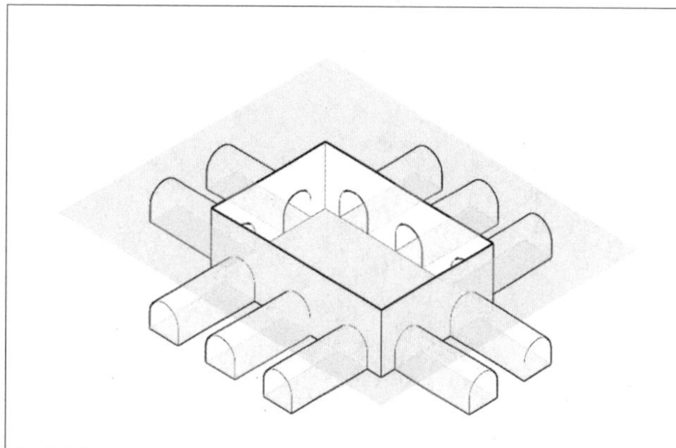

（a）**地下开发**
建筑空间布局采用地下合院模式

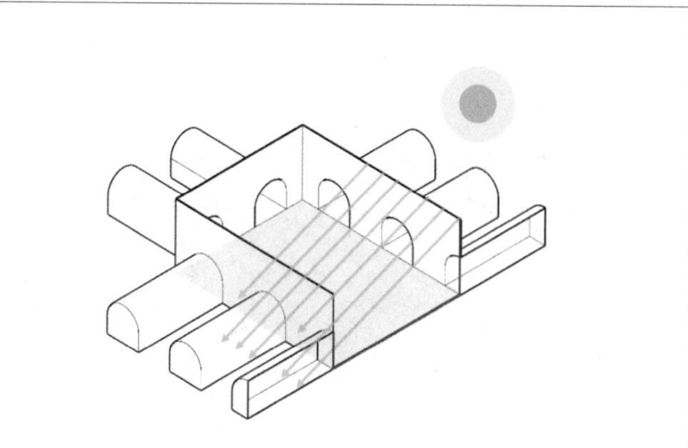

（b）**空间比例**
剖面设计中选择适宜的院落高宽比

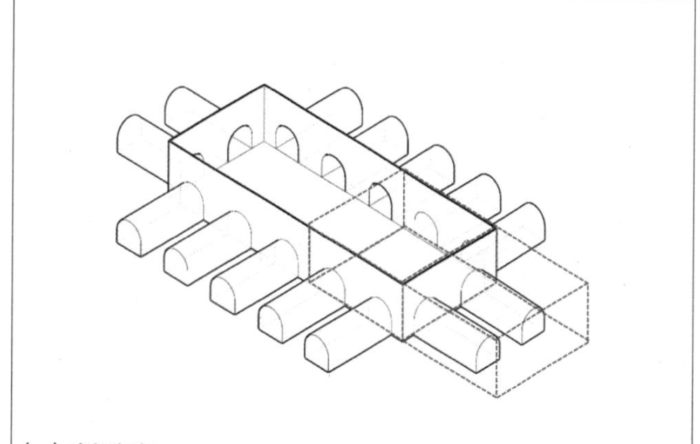

（c）**空间组织**
建筑结构和空间单元化

（d）**案例照片**

图 1.2-3　甘肃陇东地坑窑绿色设计原理分析

甘肃陇东地坑窑

案例基础图纸

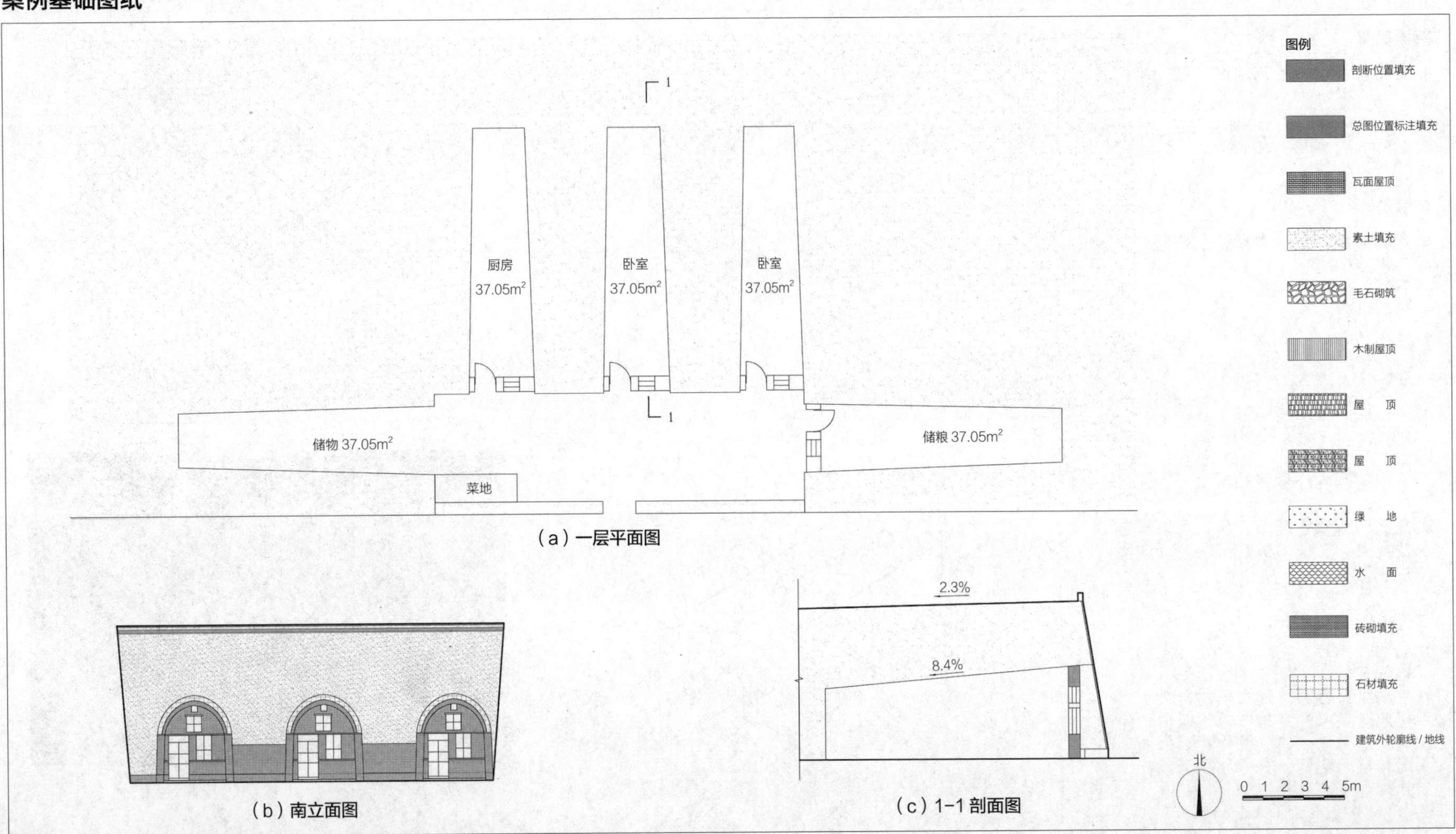

图 1.2-4 甘肃庆阳市镇原县王沟圈村王宅基础图纸

西藏阿里窑洞

基本信息

- 分布：西藏自治区阿里地区札达县、噶尔县
- 民族：藏族
- 材料：土、木、砖、石
- 结构：土构

环境条件

- 土质较好，石材、木材资源匮乏；
- 冬季寒冷，多大风。

绿色经验

- 建筑多依山崖开挖，采用半地下的空间形式，以集约利用土地。

设计建议

- 场地布局方面，建议合理开发利用地下空间，以集约利用土地；
- 竖向设计方面，建议结合自然地形进行建筑布局，以减少土方量。

绿色设计原理

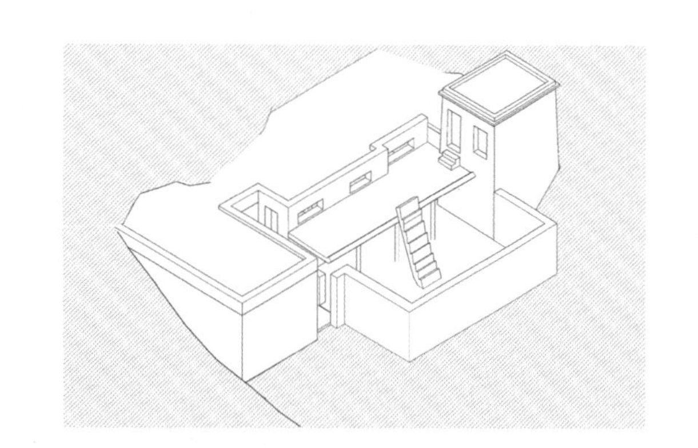

（a）**建筑选址**
建筑多依山崖开挖

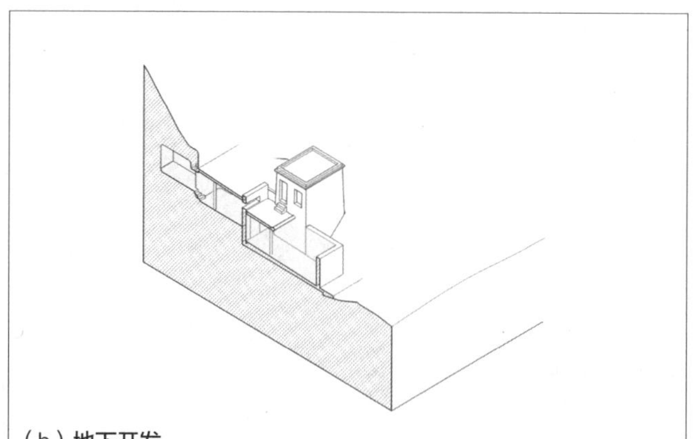

（b）**地下开发**
建筑采用半地下的空间形式

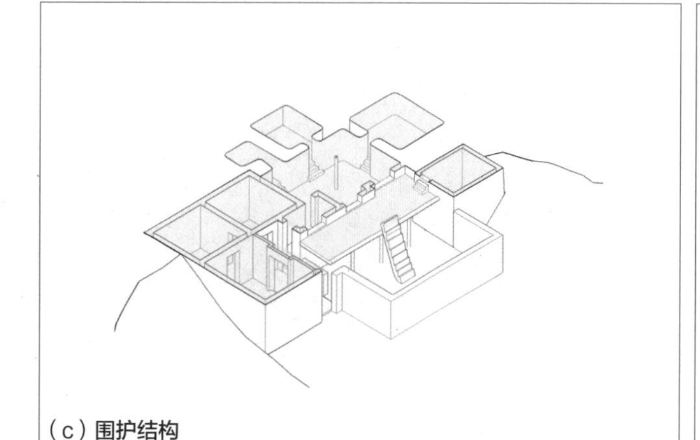

（c）**围护结构**
岩体作为基础、承重结构和主要围护结构

（d）**案例照片**

图 1.2-5　西藏阿里窑洞绿色设计原理分析

西藏阿里窑洞

案例基础图纸

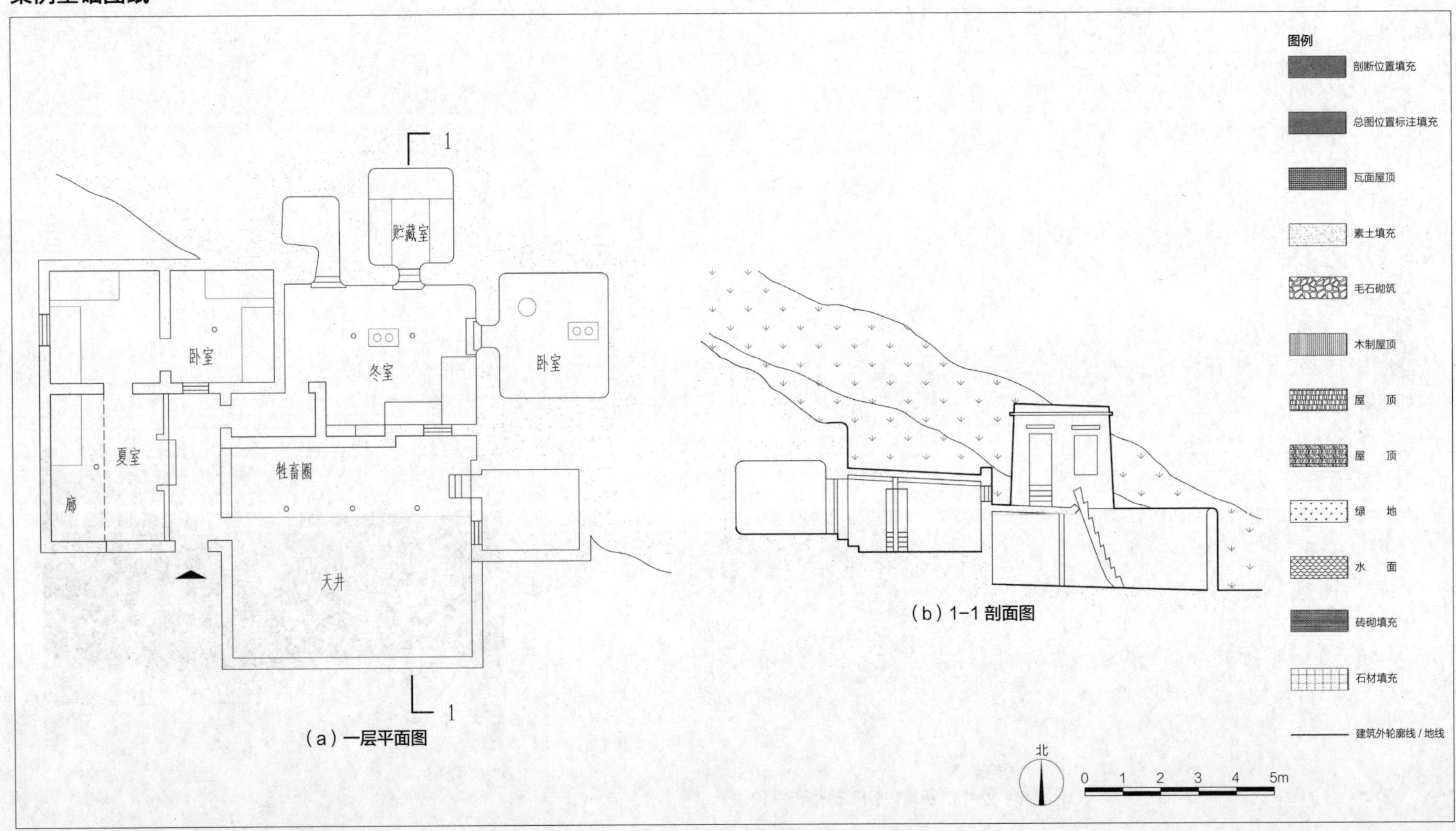

图 1.2-6　西藏阿里地区普兰县阿旺宅基础图纸

第 2 章

节能与能源利用

2.1　冬季保温

陕西关中窄院

基本信息

- 分布：陕西省关中地区西安市、三原县、潼关县、合阳县、富平县、旬邑县、韩城市等地
- 民族：汉族
- 材料：土、木、砖、石
- 结构：砖木混合结构

环境条件

- 土层深厚，雨水易渗难积，植被较少；
- 冬季寒冷漫长，夏季炎热干燥；
- 日照强烈；
- 降水量小。

绿色经验

- 建筑平面布局多以建筑围合形成面宽窄、进深大的窄长院落，对外封闭，对内开放；
- 建筑外围护结构采用高大厚重的生土墙体，以利用其良好的保温隔热性能，抵抗寒冷并防御风沙；
- 建筑上部多设置夹层空间作为气候缓冲层，以为下层居住空间提供更舒适的热环境。

设计建议

- 空间组织方面，建议优化建筑平面布局，在建筑内部增加气候缓冲空间，以降低建筑能耗并提升室内环境舒适度；
- 材料选择和围护结构设计方面，建议合理选用建筑结构材料，优化建筑围护结构的热工性能。

绿色设计原理

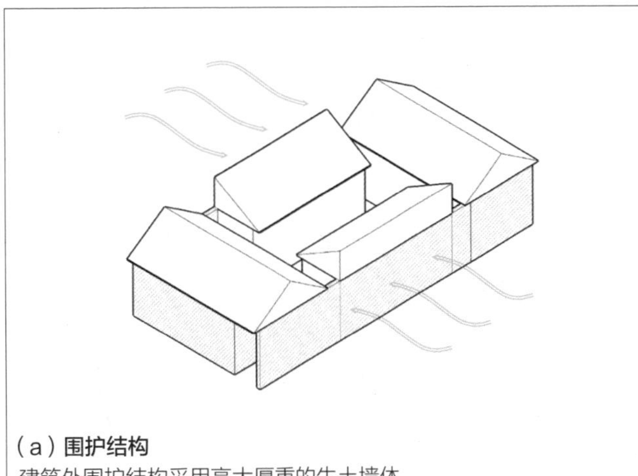

（a）围护结构
建筑外围护结构采用高大厚重的生土墙体

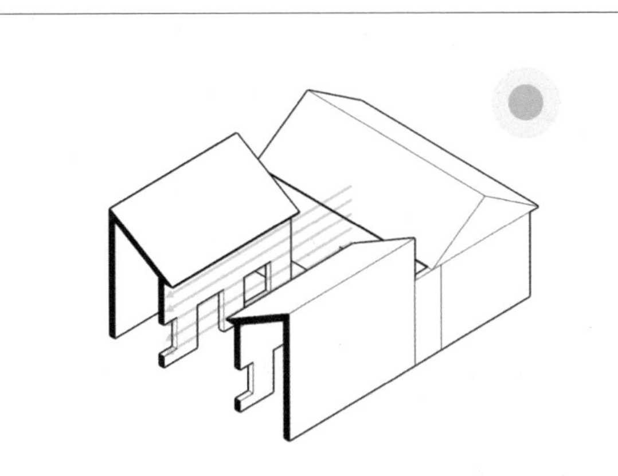

（b）空间比例
院落的面宽—进深—高度的比例满足基本采光需求

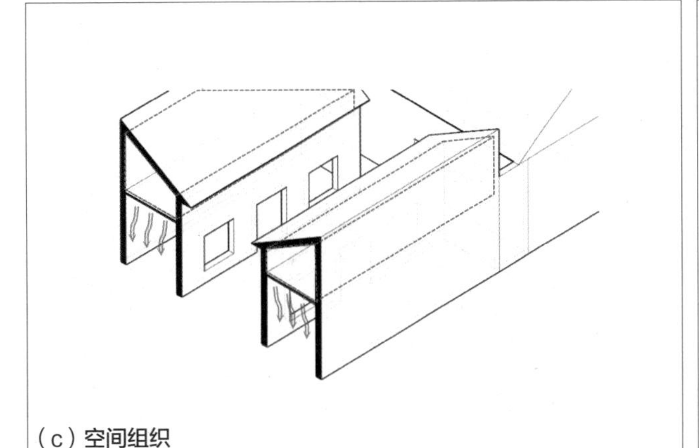

（c）空间组织
建筑上部多设置夹层空间作为气候缓冲层

（d）案例照片

图 2.1-1　陕西关中窄院绿色设计原理分析

陕西关中窄院

案例基础图纸

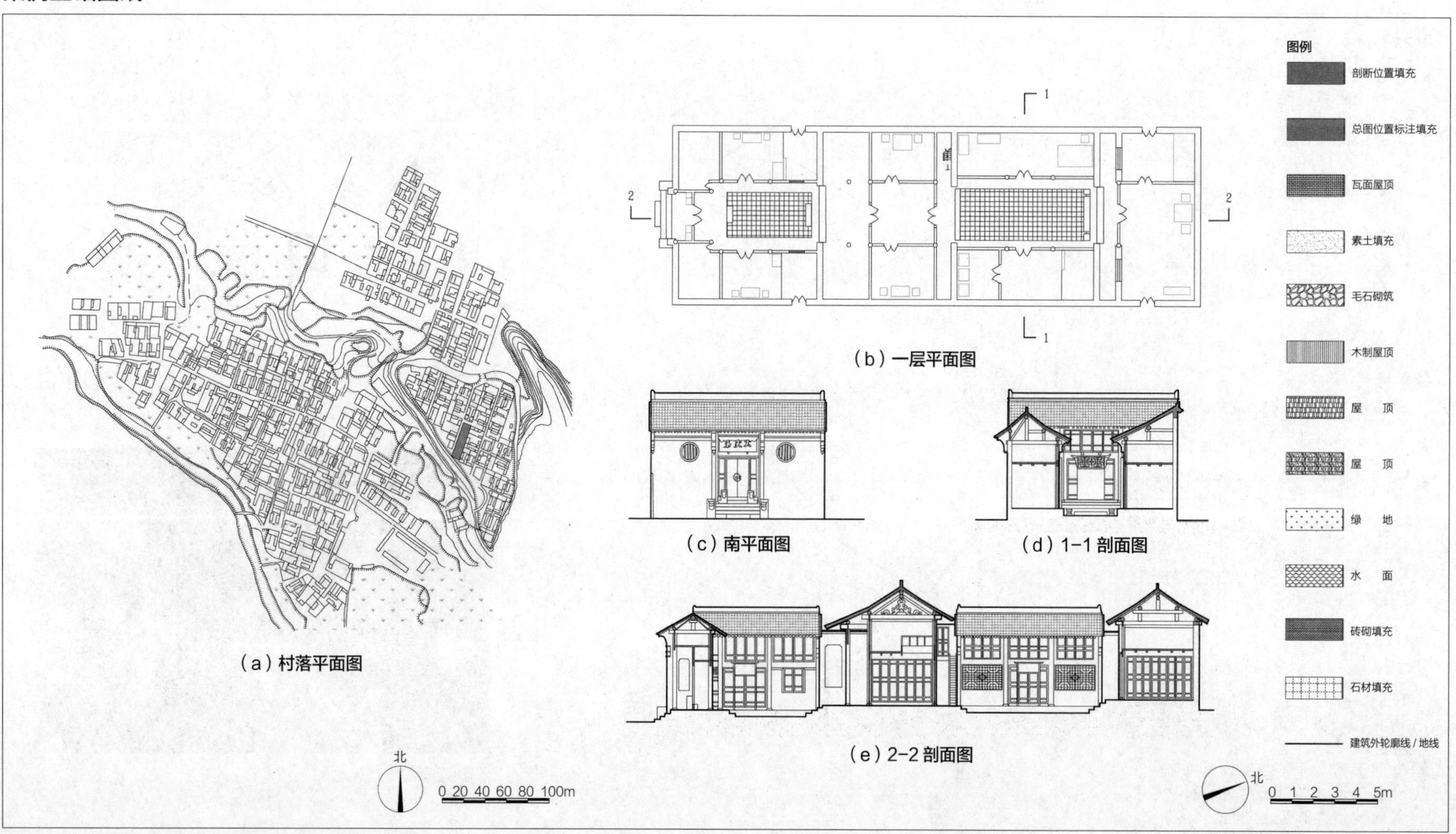

图 2.1–2 陕西韩城市西庄镇党家村某宅基础图纸

甘肃南部藏族庄廓

基本信息

- 分布：甘肃省甘南藏族自治州舟曲等县
- 民族：藏族
- 材料：石、木、土
- 结构：土木混合结构

环境条件

- 土质黏结坚硬；
- 气候高寒。

绿色经验

- 建筑平面布局多采用坐北朝南的三合院，外立面开窗较少，以降低门窗洞口处的空气渗透；
- 建筑外围护结构多采用厚重的生土墙体，以利用其良好的保温隔热性能，提供稳定的室内热环境；
- 建筑内部多设置中庭，以满足采光、通风需求，并减少与外部环境的热交换。

设计建议

- 场地布局和空间组织方面，建议控制体形系数，优化建筑平面布局，设置天井或中庭，以营造良好的室内热湿环境；
- 材料选择和围护结构设计方面，建议合理选用建筑结构材料，优化建筑围护结构的热工性能。

绿色设计原理

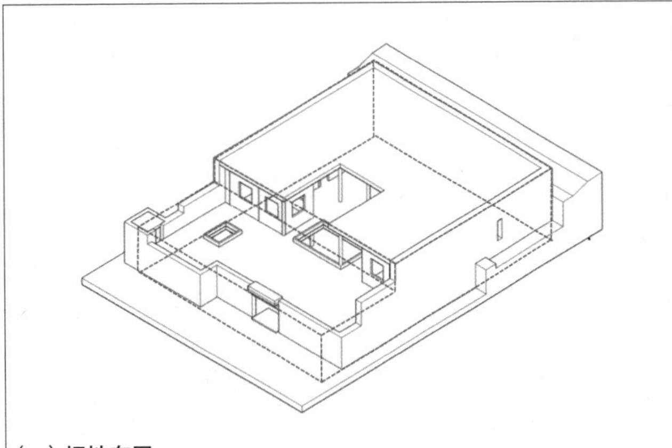

（a）场地布局
建筑平面布局多采用一般为坐北朝南的三合院

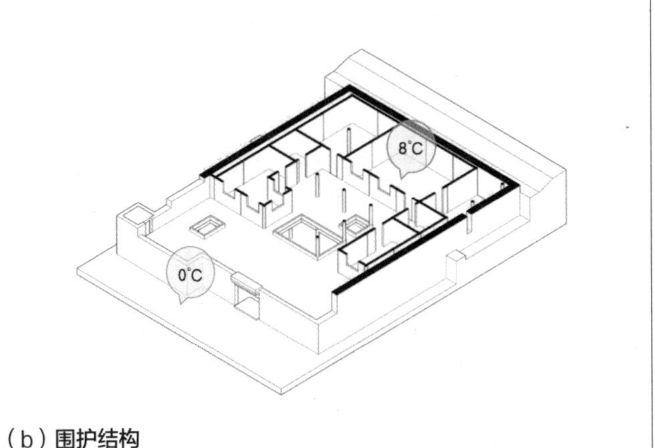

（b）围护结构
建筑外围护结构多采用厚重的生土墙体

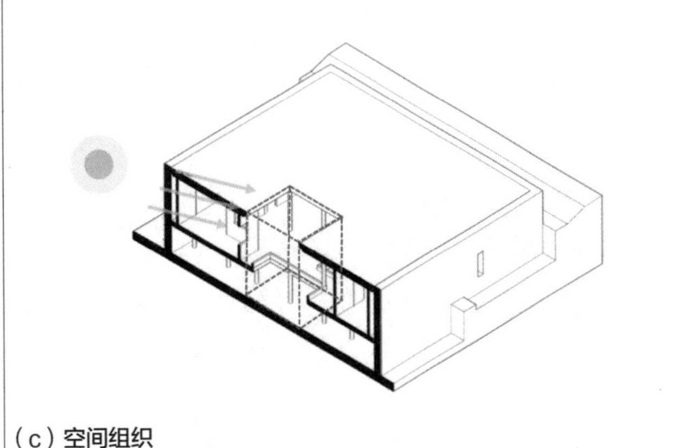

（c）空间组织
建筑内部多设置中庭

（d）案例照片

图 2.1-3　甘肃南部藏族庄廓绿色设计原理分析

甘肃南部藏族庄廓

案例基础图纸

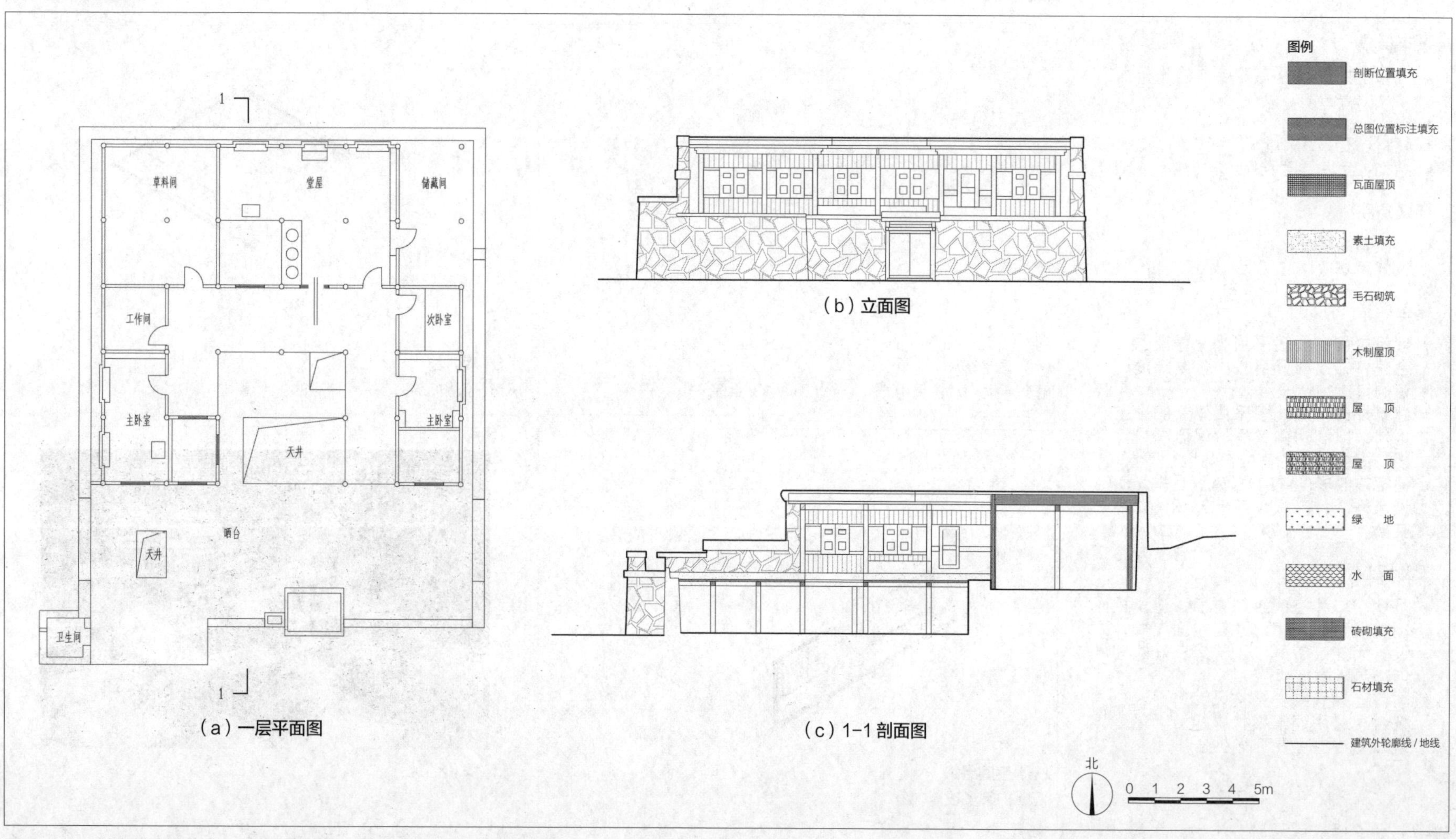

图 2.1-4　甘肃甘南藏族自治州夏河县博拉乡吾乎扎村周宅基础图纸

新疆维吾尔族和田民居

基本信息

- 分布：新疆维吾尔自治区和田地区
- 民族：维吾尔族
- 材料：木材、生土、编笆、泥浆
- 结构：土木混合结构

环境条件

- 夏季炎热，冬季寒冷；
- 气温日较差大；
- 多沙暴、浮尘。

绿色经验

- 建筑空间布局以“阿以旺”（中庭）为核心，形成封闭院落和内向性空间，中庭上部多加盖封顶，侧向开窗，以应对外部气候挑战，并满足基本采光需求；
- 建筑外围护结构采用厚重的生土墙体，以利用其良好的保温隔热性能，抵抗寒冷并防御风沙，外立面多不开窗，以降低门窗洞口处的空气渗透。

设计建议

- 场地布局和空间组织方面，建议优化建筑平面布局，营造良好的室内热湿环境；
- 材料选择和围护结构设计方面，建议控制窗墙比，合理选用建筑结构材料，优化建筑围护结构的热工性能。

绿色设计原理

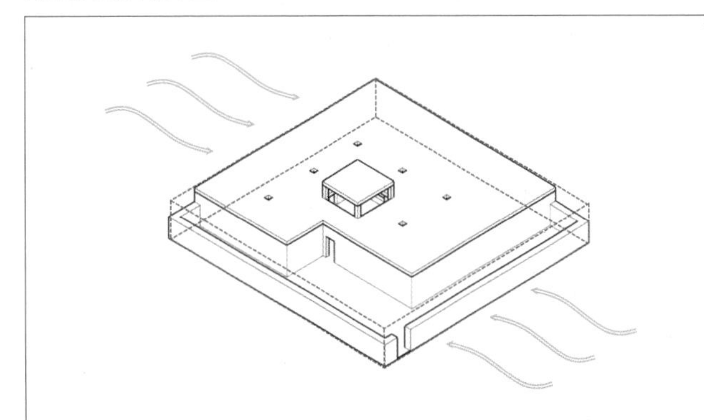

（a）空间组织
建筑空间布局以“阿以旺”（中庭）为核心，形成封闭院落和内向性空间

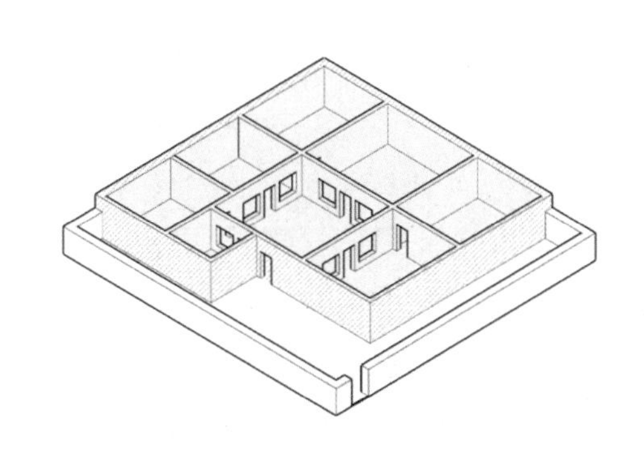

（b）围护结构
建筑外围护结构采用厚重的生土墙体，外立面多不开窗

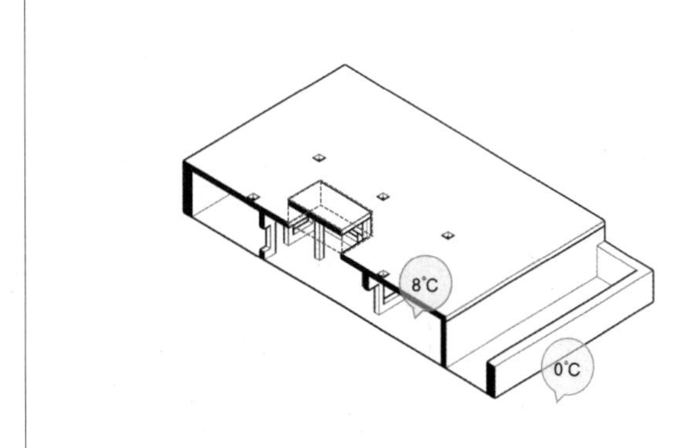

（c）构造设计
中庭上部多加盖封顶，侧向开窗

（d）案例照片

图 2.1-5　新疆维吾尔族和田民居绿色设计原理分析

新疆维吾尔族和田民居

案例基础图纸

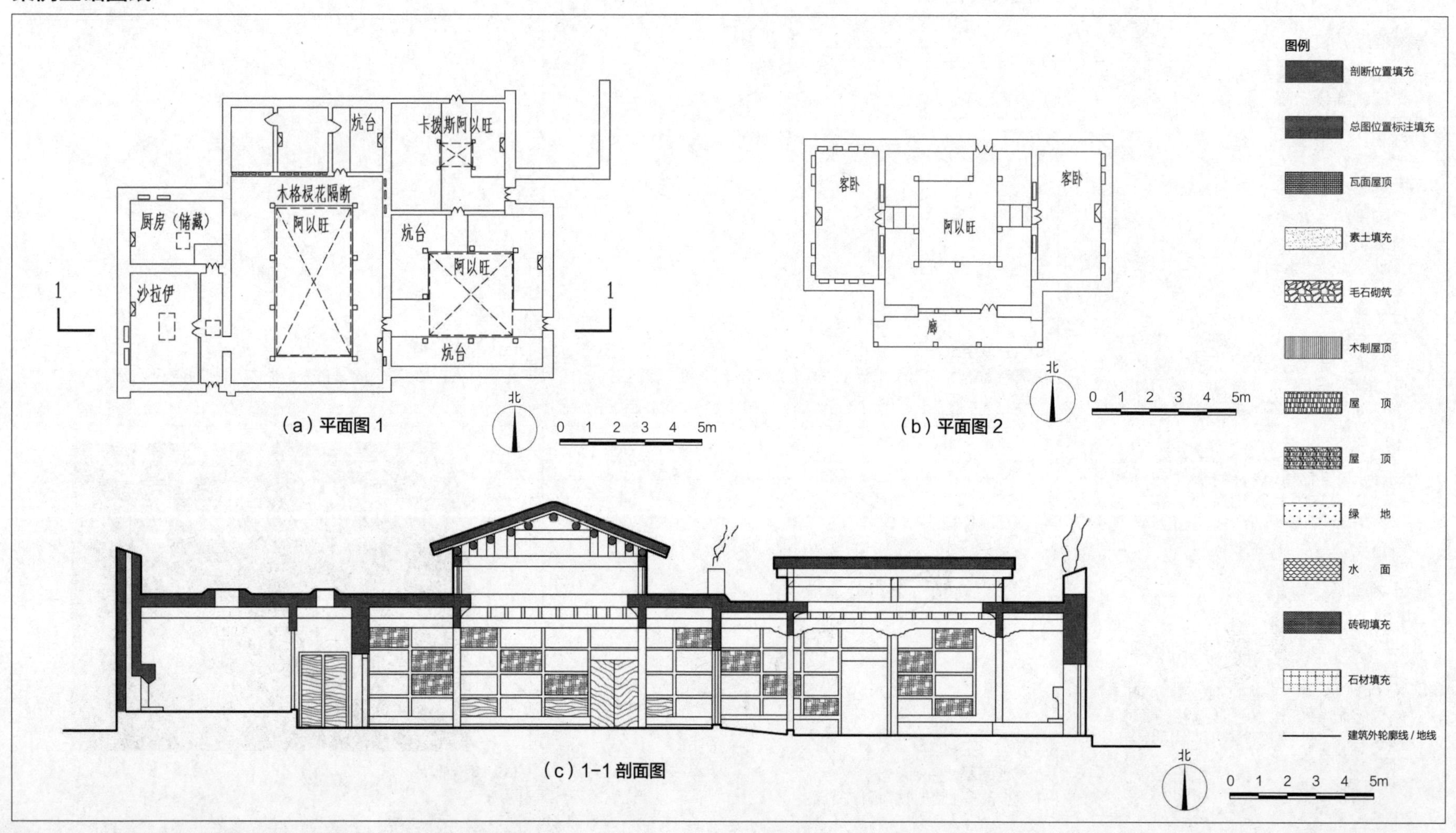

图 2.1-6 新疆和田洛浦县杭桂乡欧吐拉艾日克村某民居基础图纸

新疆维吾尔族吐鲁番民居

基本信息

- 分布：新疆维吾尔自治区吐鲁番地区
- 民族：维吾尔族
- 材料：生土、木材、芦苇、草泥
- 结构：土木混合结构

环境条件

- 土层深厚；
- 气温年较差、日较差大；
- 日照强烈且时间长；
- 降水量小，蒸发量大；
- 多大风。

绿色经验

- 建筑单体多采用尺度较小、空间低矮、围合封闭的形式，以减少极端气候对建筑的不利影响；
- 建筑空间布局多采用穿堂式，设置外室作为气候缓冲区，以为远离入口的冬室提供更舒适的室内热环境；
- 建筑多采用半地下的空间形式，以利用土壤的绝热性能提供更稳定的室内热环境。

设计建议

- 场地布局和空间组织方面，建议合理开发利用地下空间，优化建筑平面布局，在建筑内部增加气候缓冲空间，以降低建筑能耗并提升室内环境舒适度；
- 材料选择和围护结构设计方面，建议合理选用建筑结构材料，优化建筑围护结构的热工性能。

绿色设计原理

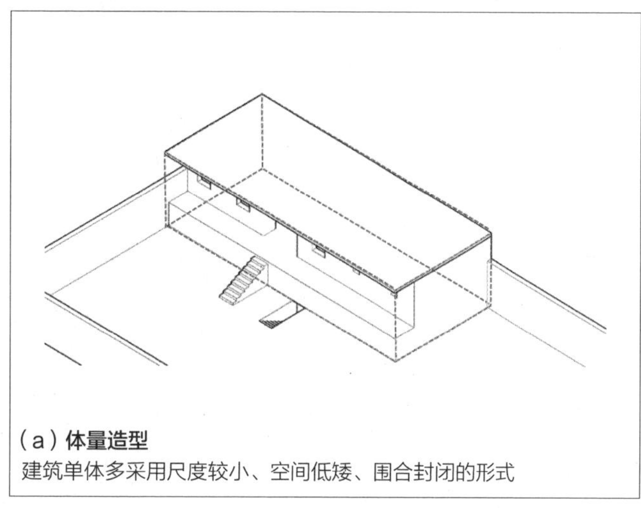

（a）**体量造型**

建筑单体多采用尺度较小、空间低矮、围合封闭的形式

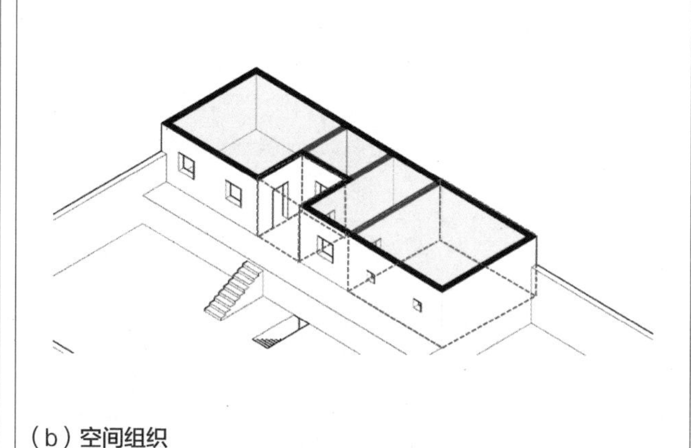

（b）**空间组织**

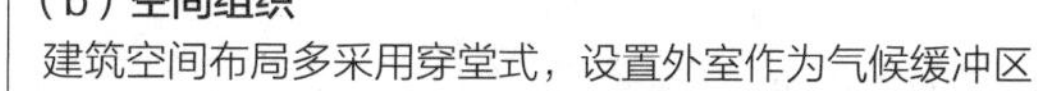

建筑空间布局多采用穿堂式，设置外室作为气候缓冲区

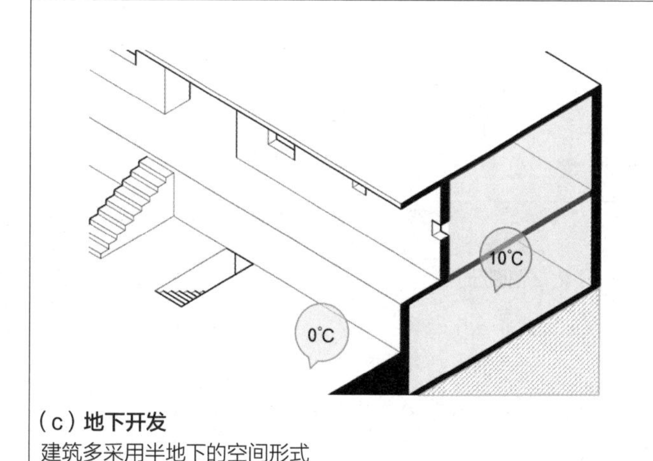

（c）**地下开发**

建筑多采用半地下的空间形式

（d）**案例照片**

图 2.1–7　新疆维吾尔族吐鲁番民居绿色设计原理分析

新疆维吾尔族吐鲁番民居

案例基础图纸

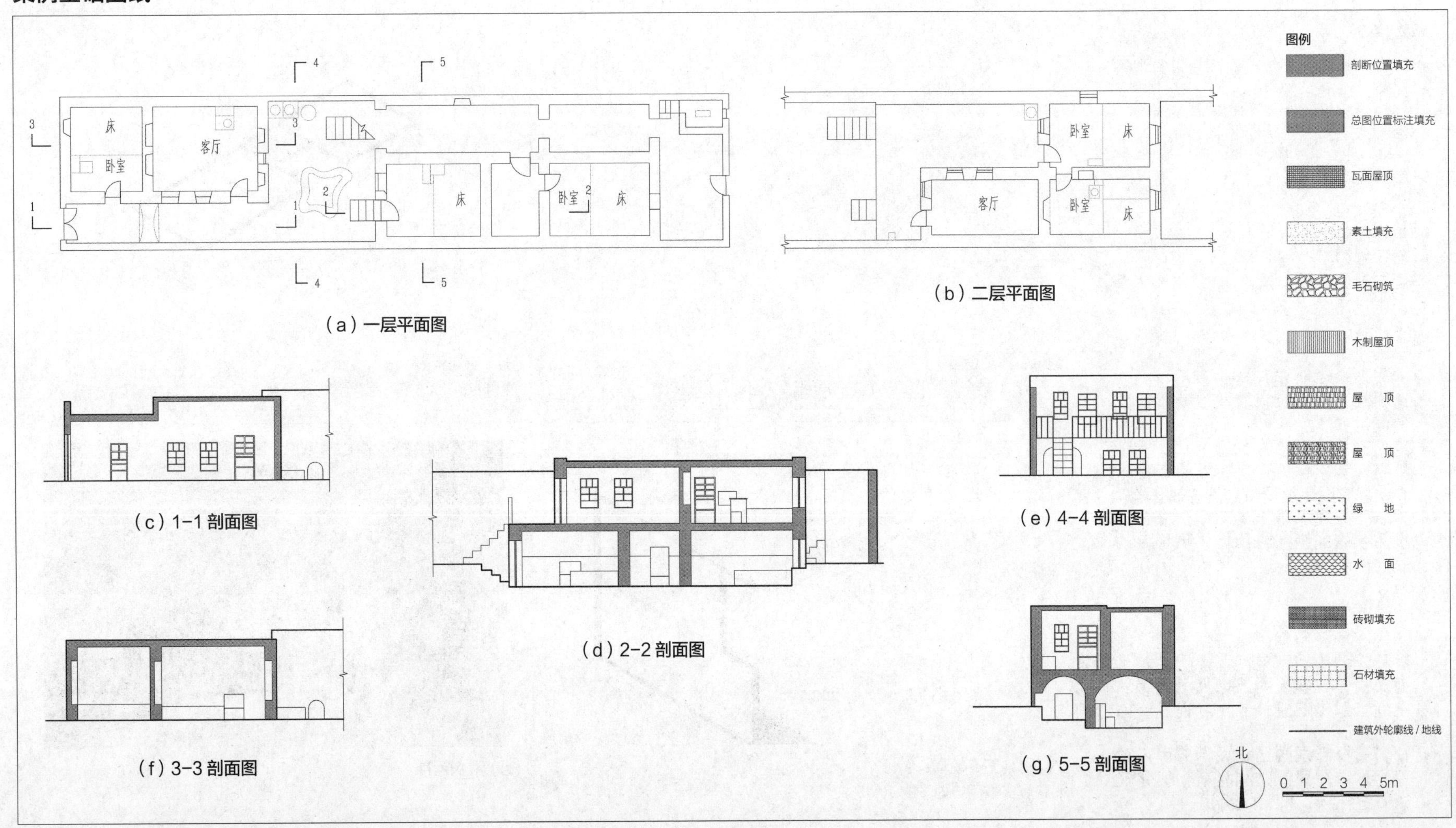

图 2.1-8 新疆吐鲁番吐峪沟麻扎村某民居基础图纸

四川康巴框架式藏房

基本信息

- 分布：四川省甘孜藏族自治州德格、巴塘、乡城、稻城、得荣等县和阿坝藏族羌族自治州等地区
- 民族：藏族
- 材料：生土、木材、芦苇、草泥
- 结构：石木、土木混合结构

环境条件

- 冬季寒冷漫长；
- 日照充足；
- 降水量小。

绿色经验

- 建筑单体多采用简单规整的形式和紧凑的平面布局，以减少与外部环境的热交换；
- 建筑外围护结构多采用厚重的生土墙体，以利用其良好的保温隔热性能；多在南立面开窗且面积较小，以降低门窗洞口处的空气渗透。

设计建议

- 场地布局和空间组织方面，建议控制体形系数，优化建筑平面布局，以降低建筑能耗并提升室内环境舒适度；
- 材料选择和围护结构设计方面，建议控制窗墙比，合理选用建筑结构材料，优化建筑围护结构的热工性能。

绿色设计原理

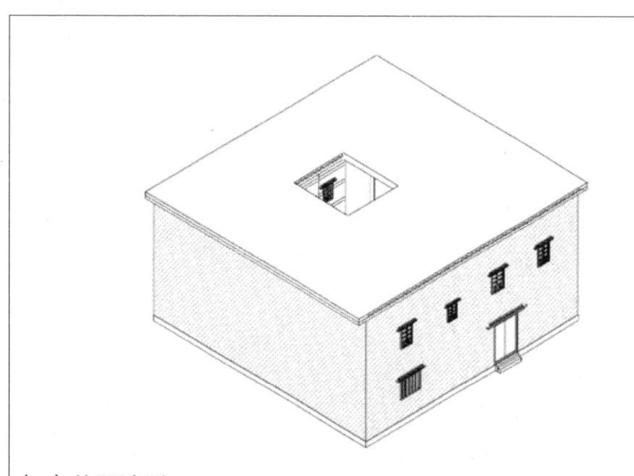

（a）**体量造型**

建筑单体多采用简单规整的形式和紧凑的平面布局

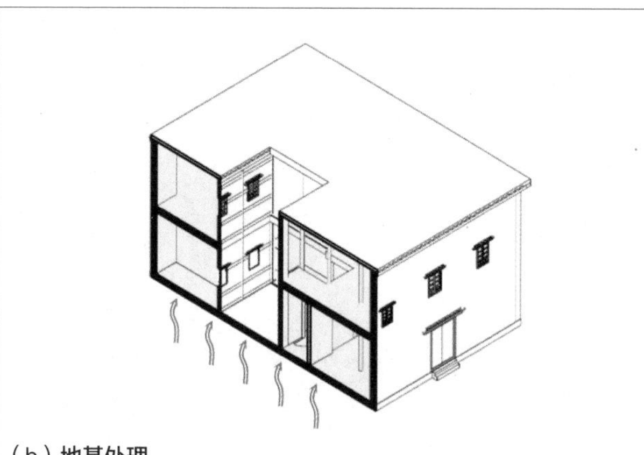

（b）**地基处理**

利用地基的蓄热性能

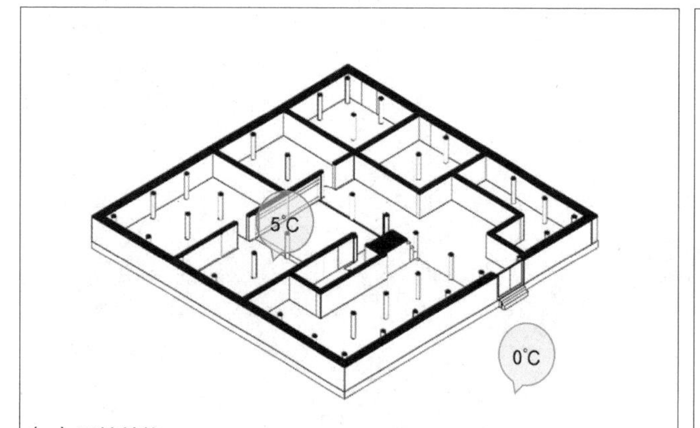

（c）**围护结构**

建筑外围护结构多采用厚重的生土墙体

（d）**案例照片**

图 2.1–9　四川康巴框架式藏房绿色设计原理分析

四川康巴框架式藏房

案例基础图纸

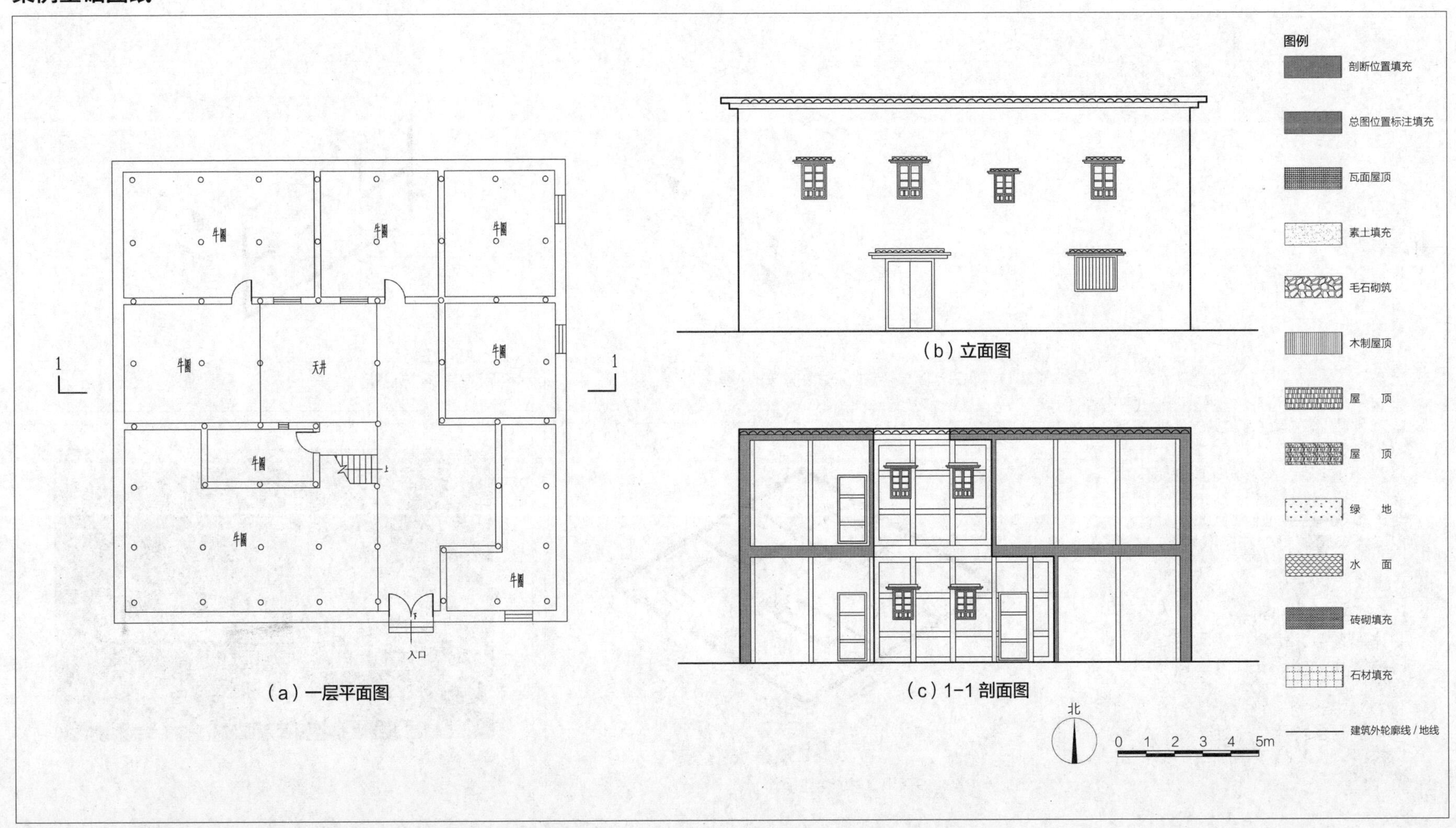

图 2.1-10　四川甘孜藏族自治州巴塘县夏邛镇孔打上巷某民居基础图纸

云南普米族木楞房

基本信息

- 分布：云南省怒江傈僳族自治州兰坪县、丽江市、宁蒗县、迪庆藏族自治州维西县等地
- 民族：普米族
- 材料：木材
- 结构：木构

环境条件

- 山区林木资源丰富；
- 气候寒冷潮湿，气温日较差大。

绿色经验

- 建筑单体多采用尺度较小、简单规整的形式，以减少与外部环境的热交换；
- 建筑外围护结构多采用严密结实的实木墙体，以利用其良好的保温蓄热性能；
- 建筑内部多设置辅助空间作为气候缓冲层，以为居住空间提供更舒适的热环境。

设计建议

- 空间组织方面，建议控制体形系数，优化建筑平面布局，在建筑内部增加气候缓冲空间，以降低建筑能耗并提升室内环境舒适度；
- 材料选择和围护结构设计方面，建议合理选用建筑结构，优化建筑围护结构的热工性能。

绿色设计原理

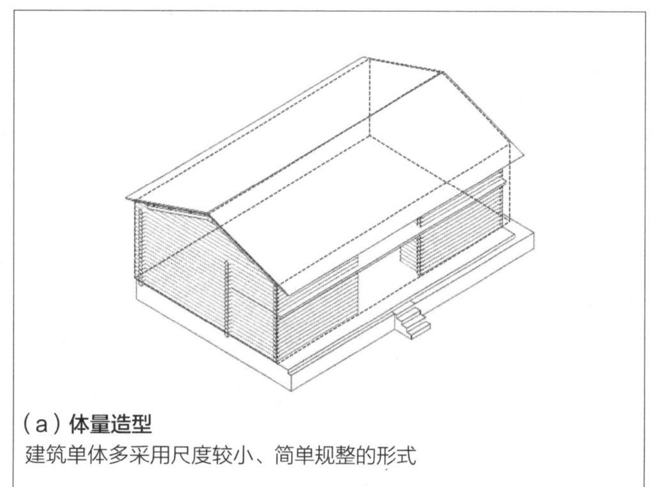

（a）体量造型
建筑单体多采用尺度较小、简单规整的形式

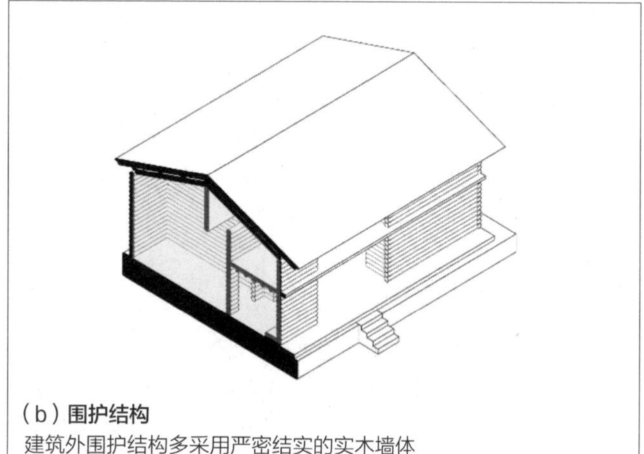

（b）围护结构
建筑外围护结构多采用严密结实的实木墙体

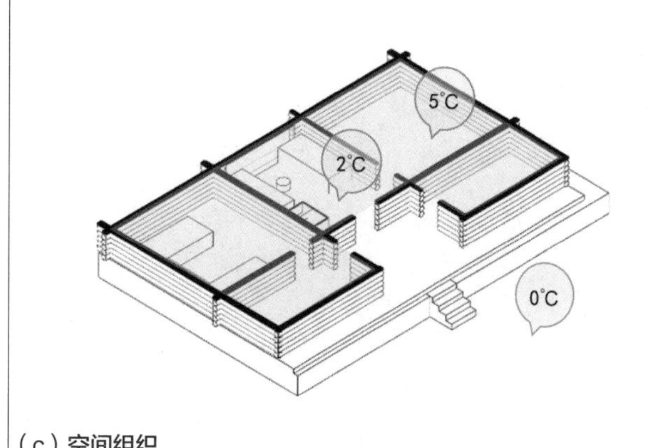

（c）空间组织
建筑内部多设置辅助空间作为气候缓冲层

（d）案例照片

图 2.1-11　云南普米族木楞房绿色设计原理分析

云南普米族木楞房

案例基础图纸

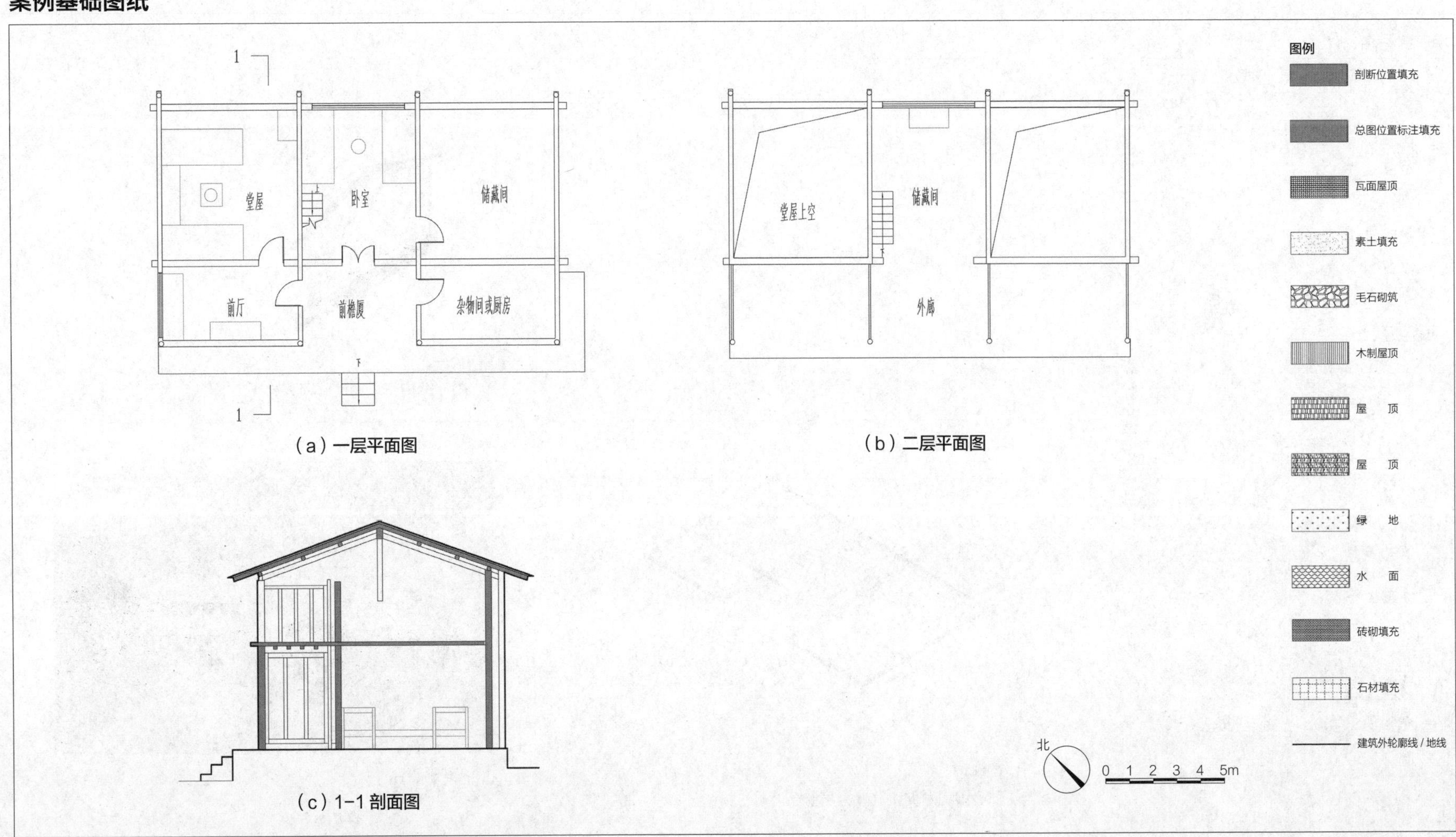

图 2.1-12　云南兰坪白族普米族自治县河西乡大羊村某宅基础图纸

云南怒族木楞房

基本信息

- 分布：云南省怒江傈僳族自治州贡山独龙族怒族自治县
- 民族：独龙族、怒族
- 材料：木材、竹席、茅草
- 结构：木构

环境条件

- 山地坡度大，可利用平地少；
- 气温日较差大。

绿色经验

- 建筑单体多采用尺度较小、简单规整的形式，以减少与外部环境的热交换；
- 建筑采用半地下的空间形式，以利用土壤的绝热性能提供更稳定的室内热环境。

设计建议

- 空间组织方面，建议合理开发利用地下空间，控制体形系数，优化建筑平面布局，以降低建筑能耗并提升室内环境舒适度。

绿色设计原理

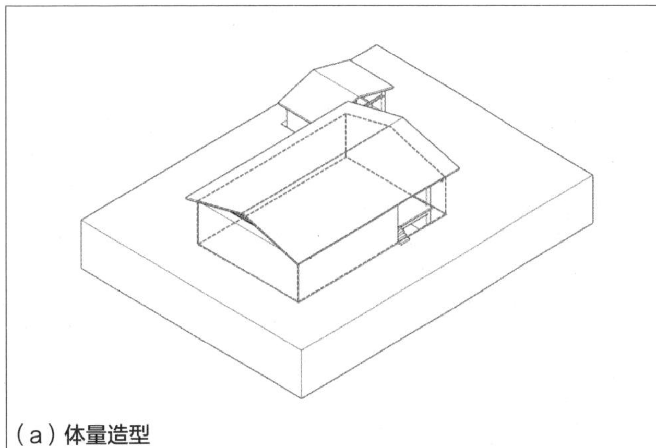

（a）**体量造型**

建筑单体多采用尺度较小、简单规整的形式

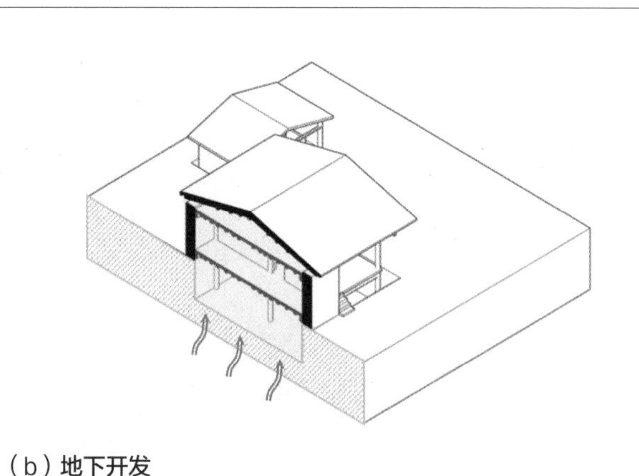

（b）**地下开发**

建筑采用半地下的空间形式

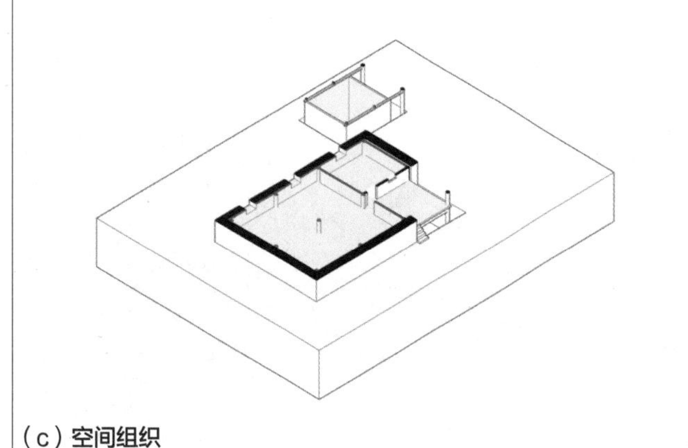

（c）**空间组织**

建筑结构和空间单元化

（d）**案例照片**

图 2.1-13　云南怒族木楞房绿色设计原理分析

云南怒族木楞房

案例基础图纸

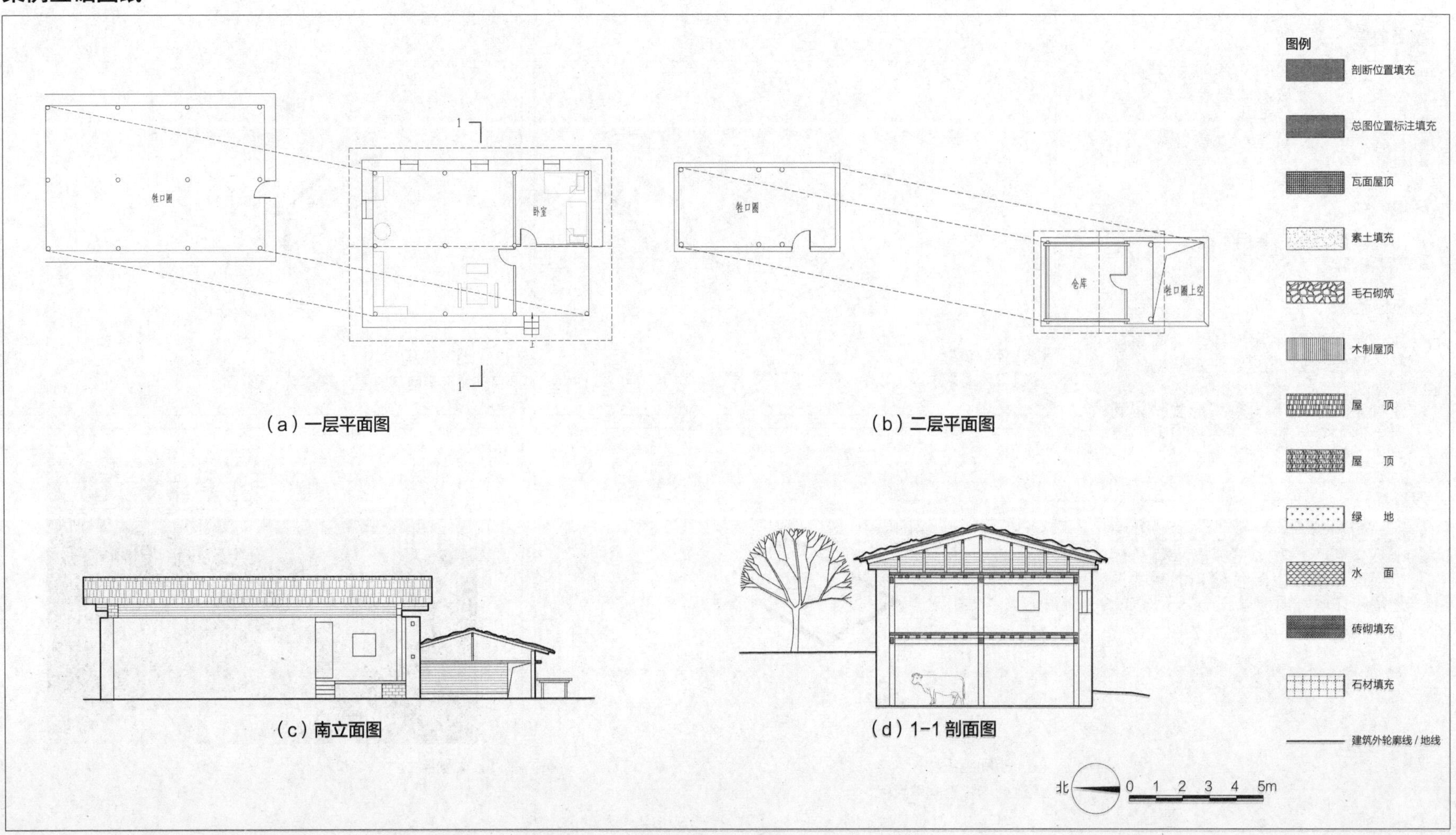

图 2.1-14　云南怒江傈僳族自治州贡山独龙族怒族自治县丙中洛镇秋那桶村伍里二组李宅基础图纸

云南藏族闪片房

基本信息

- 分布：云南省迪庆藏族自治州香格里拉
- 民族：藏族
- 材料：夯土、云杉木
- 结构：土木混合结构

环境条件

- 气候寒冷，气温日较差大；
- 日照强烈；
- 降水量大。

绿色经验

- 建筑外围护结构多采用厚重的夯土墙体，以利用其良好的保温隔热性能；
- 屋顶设计多在夯土平顶上设置木瓦板，以防雨并抵御寒冷气候；
- 建筑上部多设置夹层空间作为气候缓冲层，为下层居住空间提供更舒适的热环境。

设计建议

- 空间组织方面，建议优化建筑平面布局，在建筑内部增加气候缓冲空间，以降低建筑能耗并提升室内环境舒适度；
- 材料选择和围护结构设计方面，建议合理选用建筑结构材料，优化建筑围护结构的热工性能。

绿色设计原理

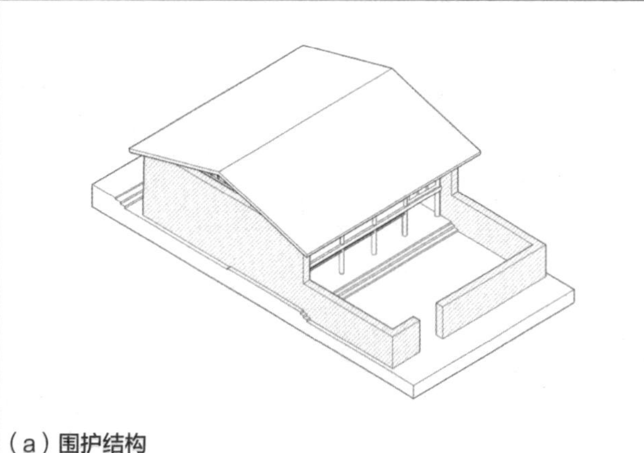

（a）**围护结构**
建筑外围护结构多采用厚重的夯土墙体

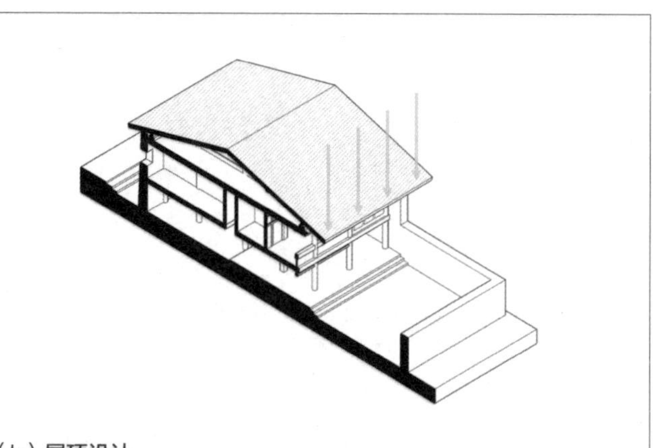

（b）**屋顶设计**
屋顶设计多在夯土平顶上设置木瓦板

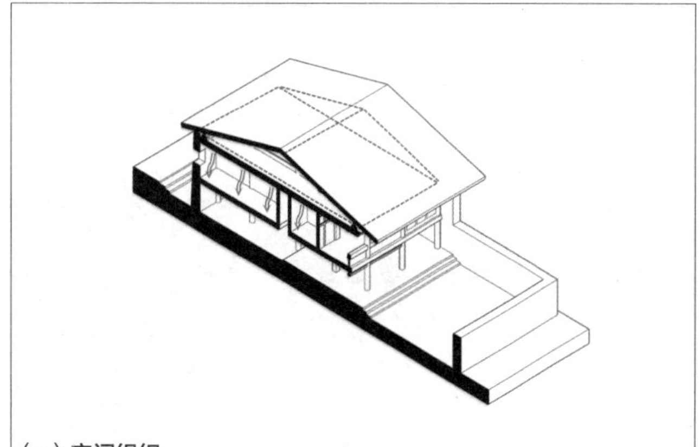

（c）**空间组织**
建筑上部多设置夹层空间作为气候缓冲层

（d）**案例照片**

图 2.1-15　云南普藏族闪片房绿色设计原理分析

云南藏族闪片房

案例基础图纸

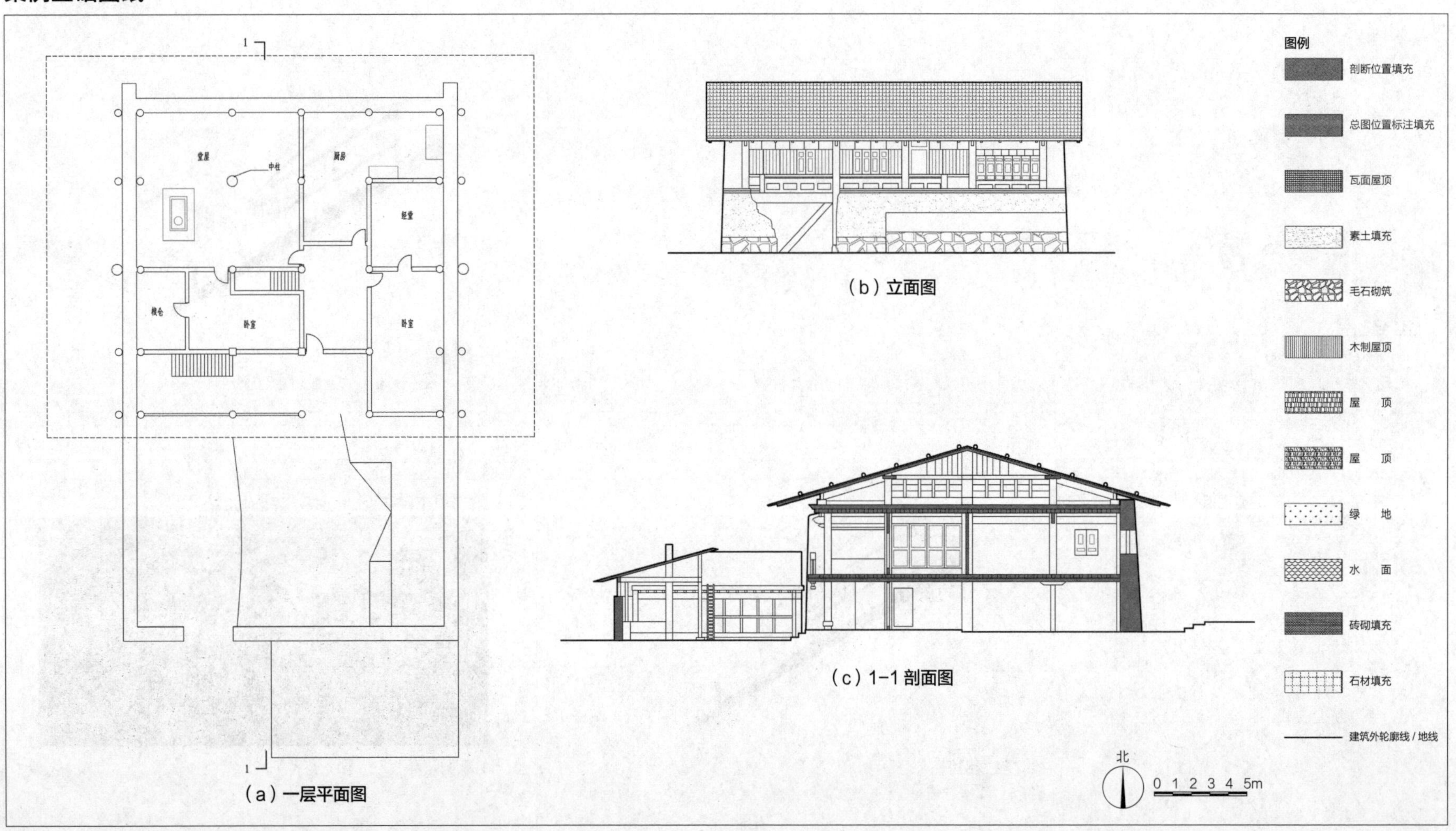

图 2.1-16 云南迪庆藏族自治州香格里拉地区某宅基础图纸

西藏错高石墙干栏式民居

基本信息

- 分布：西藏自治区林芝地区工布江达县错高村
- 民族：藏族
- 材料：木、石、草泥
- 结构：石木混合结构

环境条件

- 石材、木材充足；
- 气候湿润，降水集中。

绿色经验

- 建筑单体多采用简单规整的形式和紧凑的平面布局，以减少与外部环境的热交换；
- 建筑底层外围护结构采用厚重的石砌墙体，以利用其良好的保温隔热性能并防潮防涝，多用于存放杂物；
- 建筑上部多设置夹层空间作为气候缓冲层，为下层居住空间提供更舒适的热环境。

设计建议

- 空间组织方面，建议优化建筑平面布局，在建筑内部增加气候缓冲空间，以降低建筑能耗并提升室内环境舒适度；
- 材料选择和围护结构设计方面，建议合理选用建筑结构材料，优化建筑围护结构的热工性能。

绿色设计原理

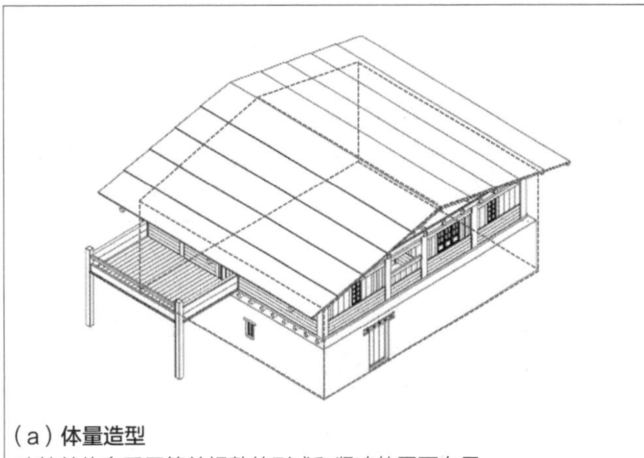

（a）**体量造型**
建筑单体多采用简单规整的形式和紧凑的平面布局

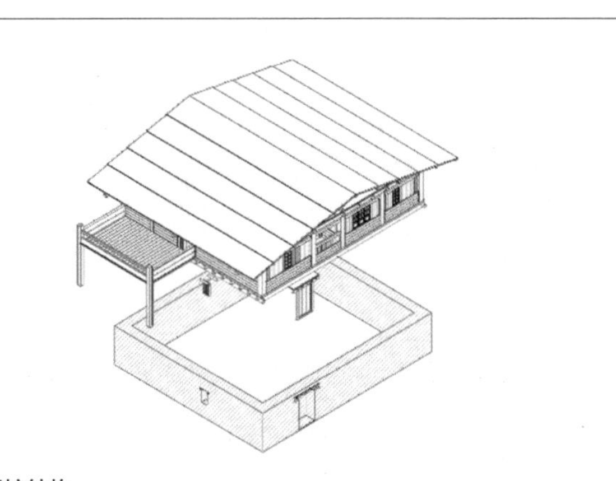

（b）**围护结构**
建筑底层外围护结构采用厚重的石砌墙体

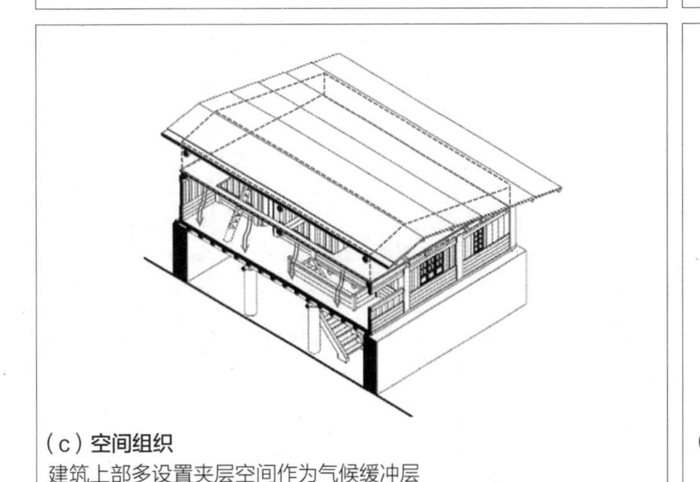

（c）**空间组织**
建筑上部多设置夹层空间作为气候缓冲层

（d）**案例照片**

图 2.1-17　西藏错高石墙干栏式民居绿色设计原理分析

西藏错高石墙干栏式民居

案例基础图纸

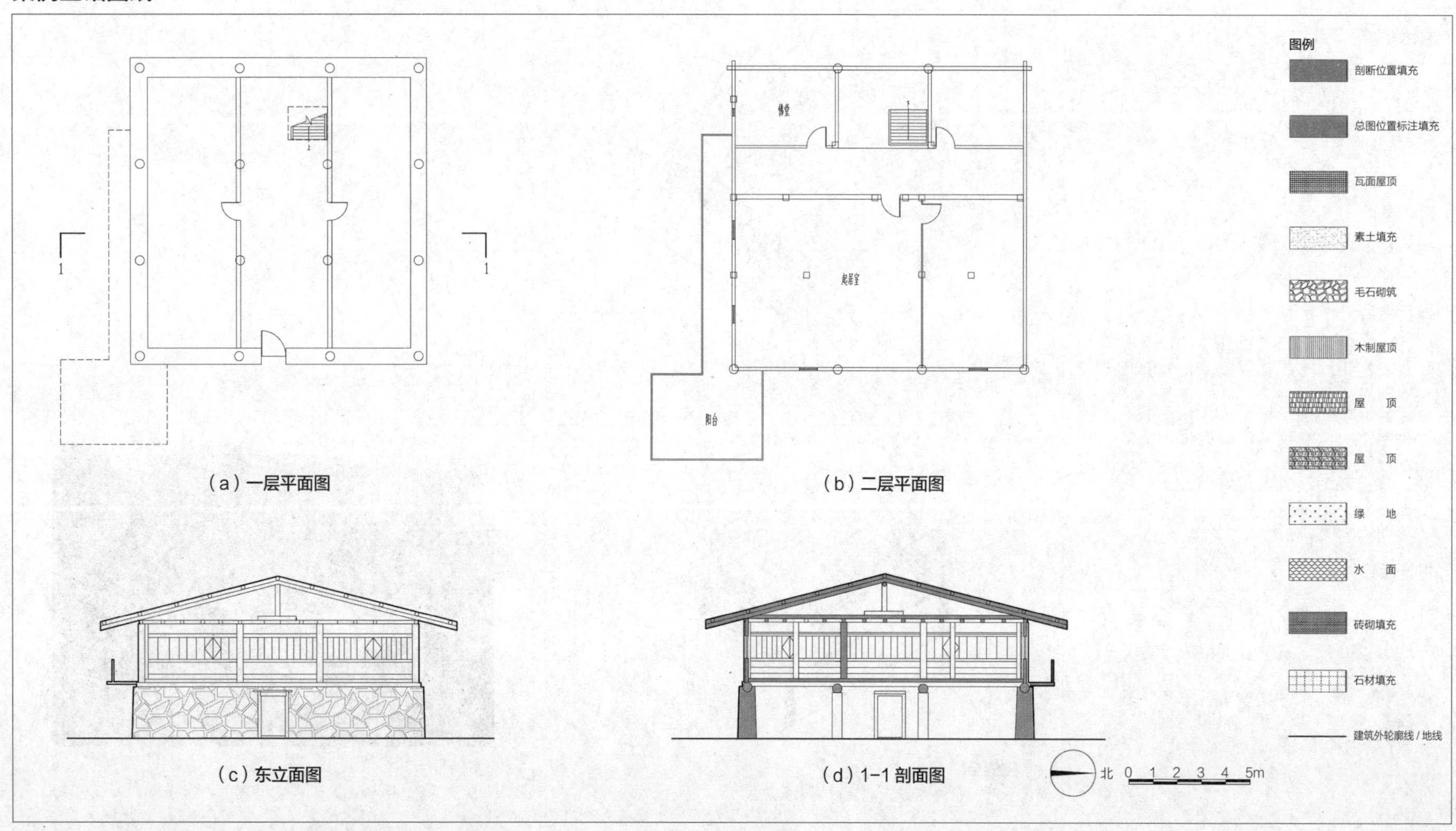

（a）一层平面图　（b）二层平面图

（c）东立面图　（d）1-1 剖面图

图 2.1-18　西藏林芝市工布江达县错高乡高村桑布宅基础图纸

西藏纳西族夯土碉楼

基本信息

- 分布：西藏自治区芒康县纳西乡
- 民族：纳西族
- 材料：石、土、木
- 结构：石木混合结构

环境条件

- 冬季寒冷干燥。

绿色经验

- 建筑单体多采用简单规整的形式，以减少与外部环境的热交换，并抬起地基防止雨水、雪水的浸泡；
- 建筑外围护结构多采用厚重的夯土墙体，以利用其良好的保温隔热性能，外立面开窗较少且面积较小，以降低门窗洞口处的空气渗透；
- 建筑内部空间以方厅为核心，形成封闭的内向性空间。

设计建议

- 空间组织方面，建议控制体形系数，优化建筑平面布局，以降低建筑能耗并提升室内环境舒适度；
- 材料选择和围护结构设计方面，建议控制窗墙比，合理选用建筑结构材料，优化建筑围护结构的热工性能。

绿色设计原理

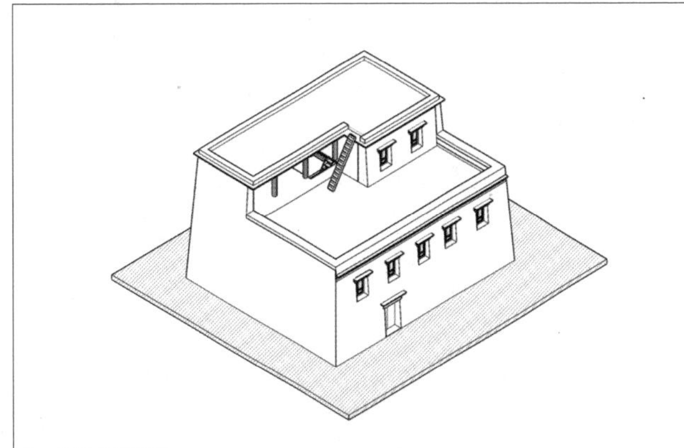

（a）**体量造型**
建筑单体多采用简单规整的形式

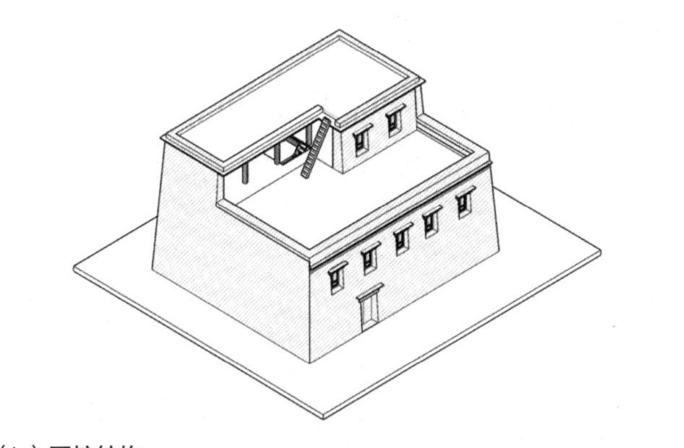

（b）**围护结构**
建筑外围护结构采用厚重的夯土墙体

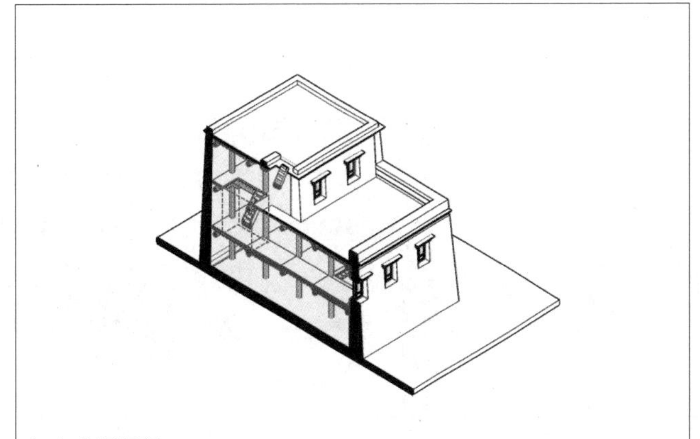

（c）**空间组织**
建筑内部空间以方厅为核心

（d）**案例照片**

图 2.1-19　西藏纳西族夯土碉楼绿色设计原理分析

西藏纳西族夯土碉楼

案例基础图纸

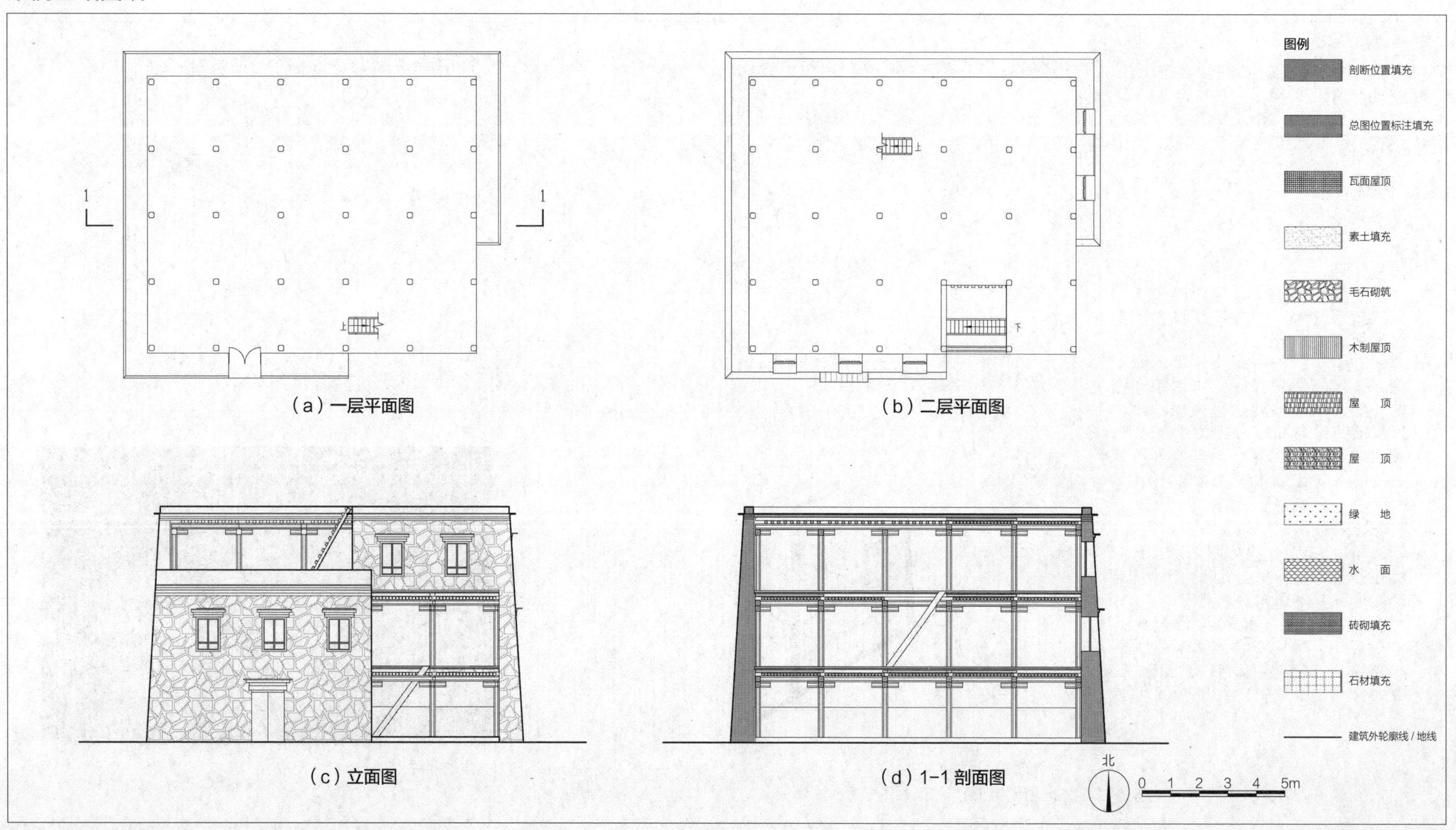

图 2.1-20　西藏昌都市芒康县纳西乡加达村某宅基础图纸

西藏阿里窑洞

基本信息

- 分布：西藏自治区阿里地区札达县、噶尔县
- 民族：藏族
- 材料：土、木、砖、石
- 结构：土构

环境条件

- 土质较好，石材、木材资源匮乏；
- 冬季寒冷，多大风。

绿色经验

- 建筑多依山崖开挖，以获得使用空间，并以岩体作为基础、承重结构和主要围护结构，以利用其良好的保温隔热性能；
- 建筑采用半地下的空间形式和紧凑的平面布局，以减少与外部环境的热交换，并利用土壤的绝热性能提供更稳定的室内热环境。

设计建议

- 场地布局和空间组织方面，建议控制体形系数，优化建筑平面布局，以降低建筑能耗并提升室内环境舒适度；
- 材料选择和围护结构设计方面，建议控制窗墙比，合理选用建筑结构材料，优化建筑围护结构的热工性能。

绿色设计原理

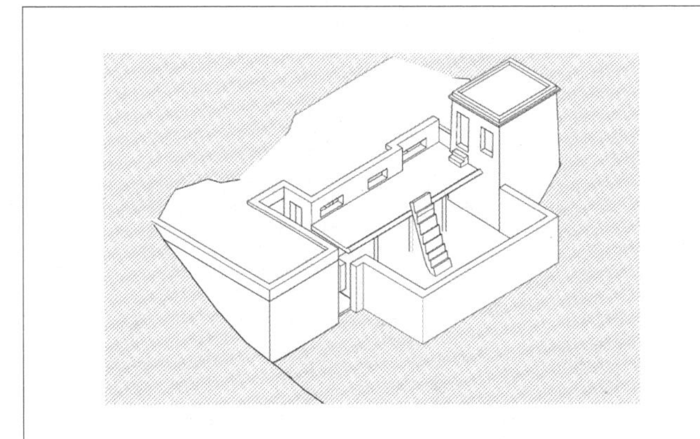

（a）**建筑选址**
建筑多依山崖开挖

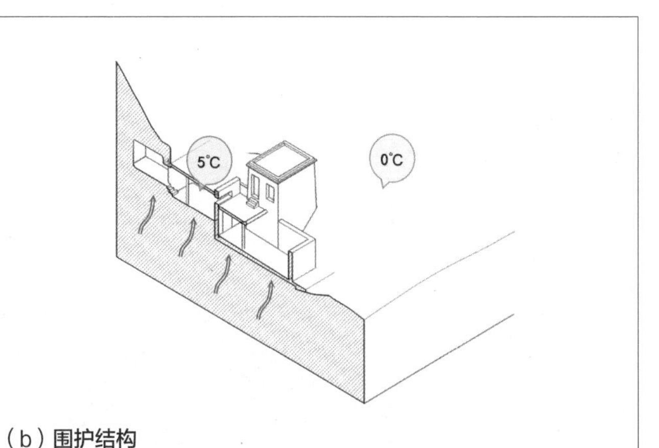

（b）**围护结构**
岩体作为基础、承重结构和主要围护结构

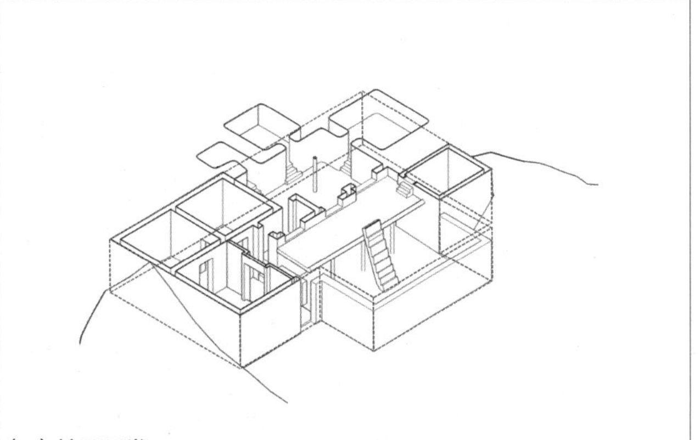

（c）**地下开发**
建筑采用半地下的空间形式和紧凑的平面布局

（d）**案例照片**

图 2.1–21　西藏阿里窑洞绿色设计原理分析

西藏阿里窑洞

案例基础图纸

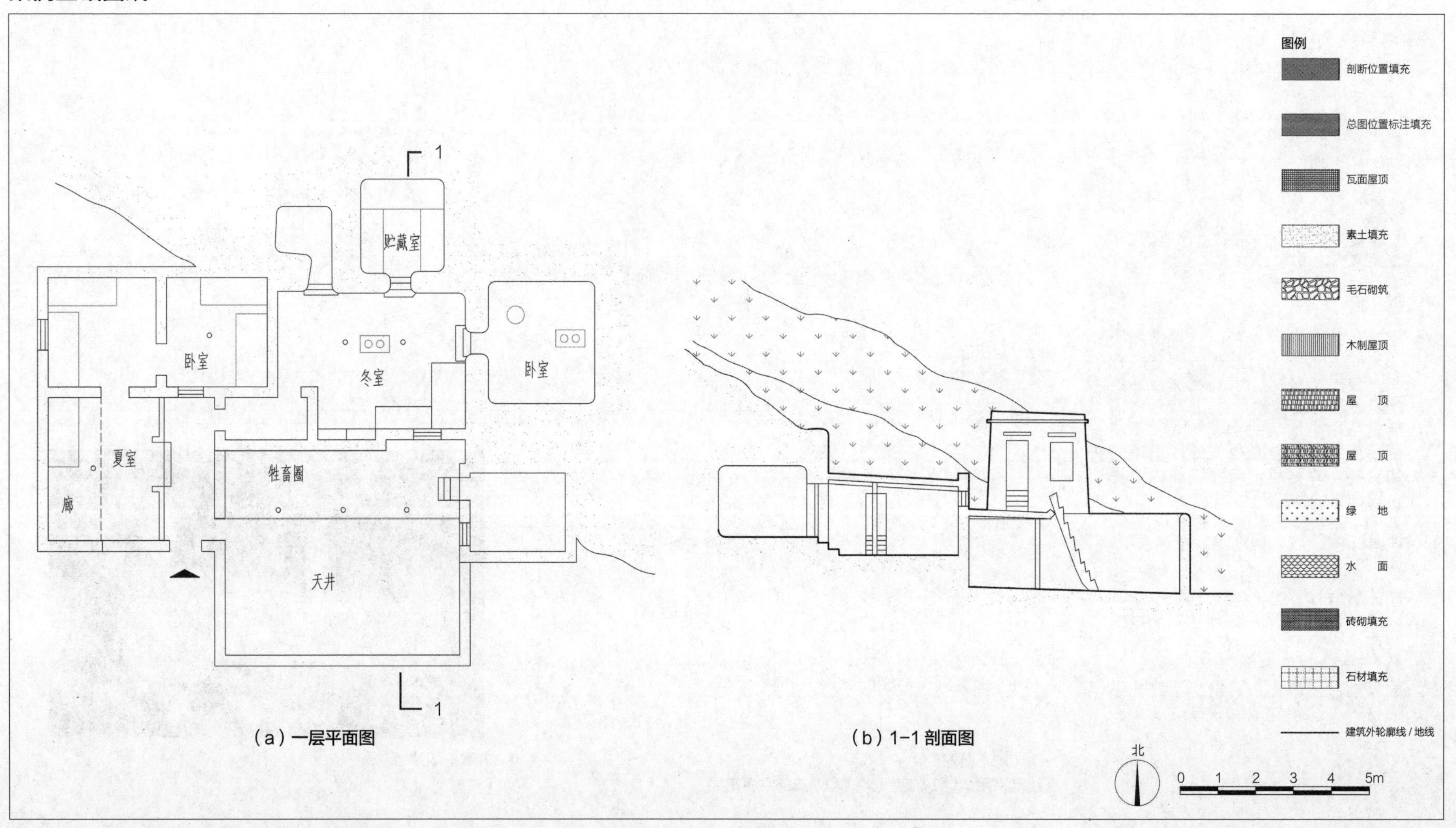

图 2.1-22　西藏阿里地区普兰县阿旺宅基础图纸

青海藏族庄廓

基本信息

- 分布：青海东部地区，环湖地区海北州、海南州、海西州天峻县，三江源地区等地
- 民族：藏族
- 材料：木材、土坯
- 结构：土木混合结构

环境条件

- 冬季寒冷漫长，夏季短暂凉爽；
- 气温年较差小、日较差大；
- 降水量小；
- 多风沙。

绿色经验

- 建筑单体多采用简单规整的形式，屋顶多采用平屋顶或缓坡屋顶，以减少与外部环境的热交换；
- 建筑外围护结构多采用厚重的夯土墙体，以利用其良好的保温隔热性能，多在南立面开窗且面积较小，以降低门窗洞口处的空气渗透；
- 建筑内多在建筑外墙和立柱间设置隔墙，作为复合空气间层空气缓冲区，以为居住空间提供更舒适的热环境。

设计建议

- 场地布局和空间组织方面，建议控制体形系数，优化建筑平面布局，以降低建筑能耗并提升室内环境舒适度；
- 材料选择和围护结构设计方面，建议控制窗墙比，合理选用建筑结构材料，优化建筑围护结构的热工性能。

绿色设计原理

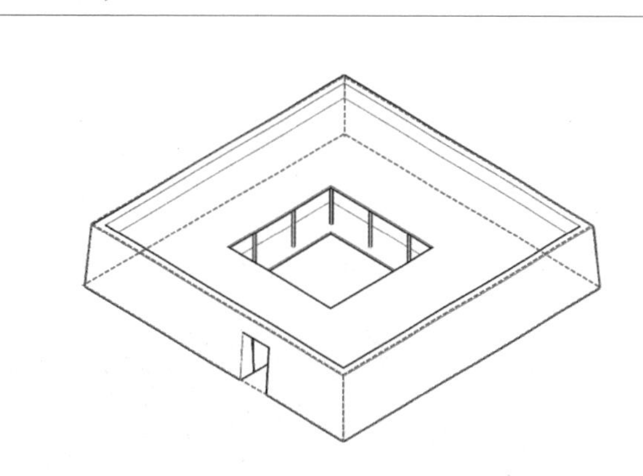

（a）**体量造型**

建筑单体多采用简单规整的形式，屋顶多采用平屋顶或缓坡屋顶

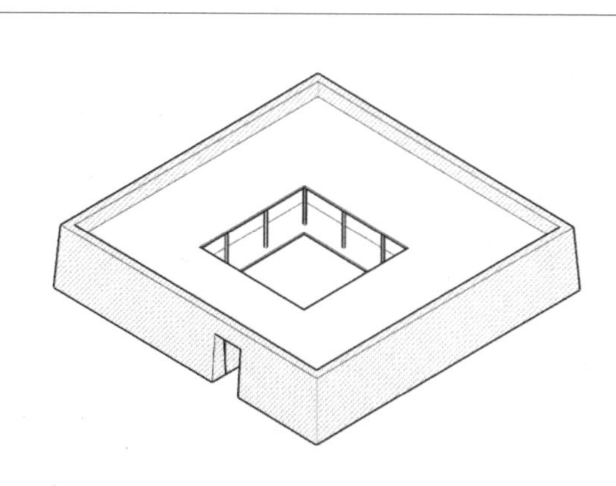

（b）**围护结构**

建筑外围护结构多采用厚重的夯土墙体

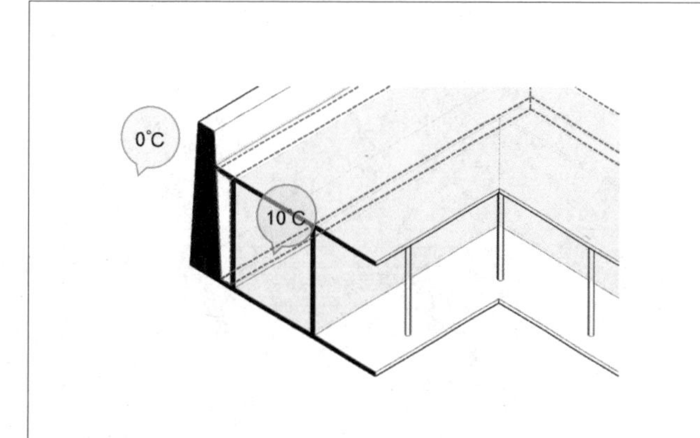

（c）**构造设计**

建筑内多在建筑外墙和立柱间设置隔墙

（d）**案例照片**

图 2.1-23　青海藏族庄廓绿色设计原理分析

青海藏族庄廓

案例基础图纸

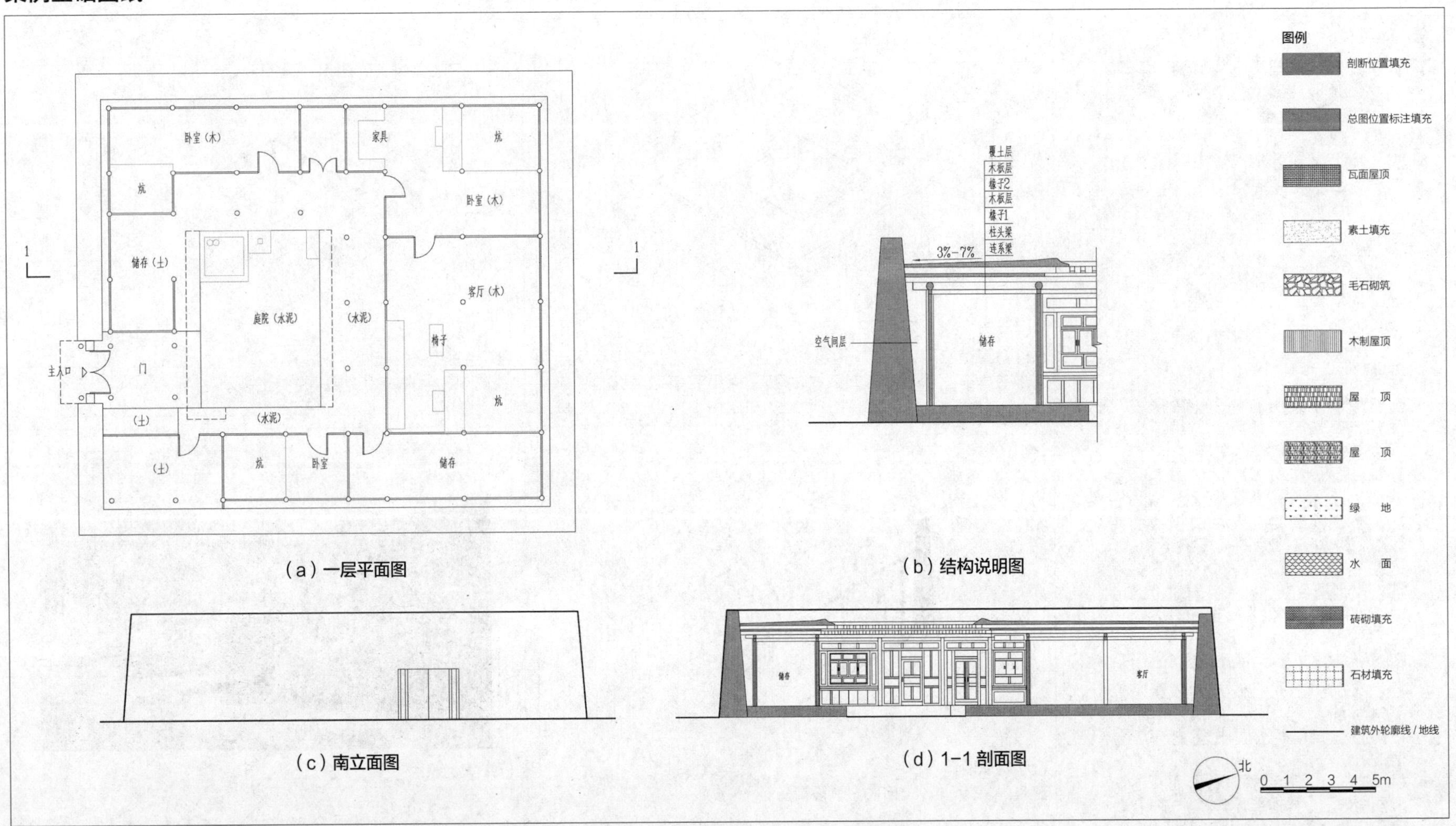

图 2.1-24　青海海东市循化县合然村某民居基础图纸

青海藏族碉楼

基本信息

- 分布：青海省果洛藏族自治州班玛县玛江日堂乡、亚尔堂乡和灯塔乡
- 民族：藏族
- 材料：片石、木材、黄土
- 结构：石木混合结构

环境条件

- 气温低且日较差大；
- 日照强烈且时间长；
- 降水量大，蒸发量大；
- 多阵性大风。

绿色经验

- 建筑单体多采用简单规整的形式，以减少与外部环境的热交换；
- 建筑外围护结构多采用高大厚重的石砌墙体，以利用其良好的保温隔热性能，底层和北立面不开窗，以降低门窗洞口处的空气渗透；
- 建筑结构采用柱网式，以获得灵活的使用空间，适应需求变化。

设计建议

- 空间组织方面，建议控制体形系数，优化建筑平面布局，以降低建筑能耗并提升室内环境舒适度；建议采用符合工业化建造要求的结构体系，以提升建筑的适变性；
- 材料选择和围护结构设计方面，建议控制窗墙比，合理选用建筑结构材料，优化建筑围护结构的热工性能。

绿色设计原理

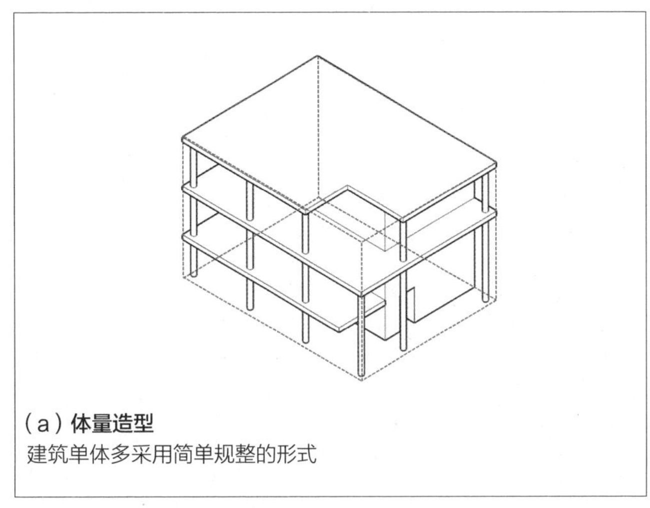

（a）**体量造型**
建筑单体多采用简单规整的形式

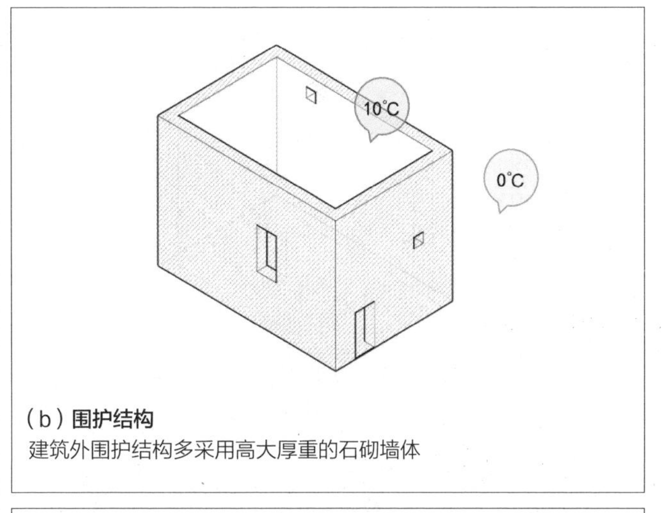

（b）**围护结构**
建筑外围护结构多采用高大厚重的石砌墙体

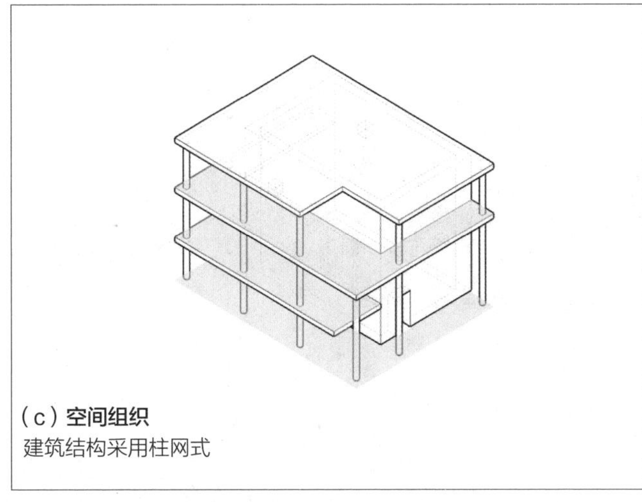

（c）**空间组织**
建筑结构采用柱网式

（d）**案例照片**

图 2.1-25　青海藏族碉楼绿色设计原理分析

青海藏族碉楼

案例基础图纸

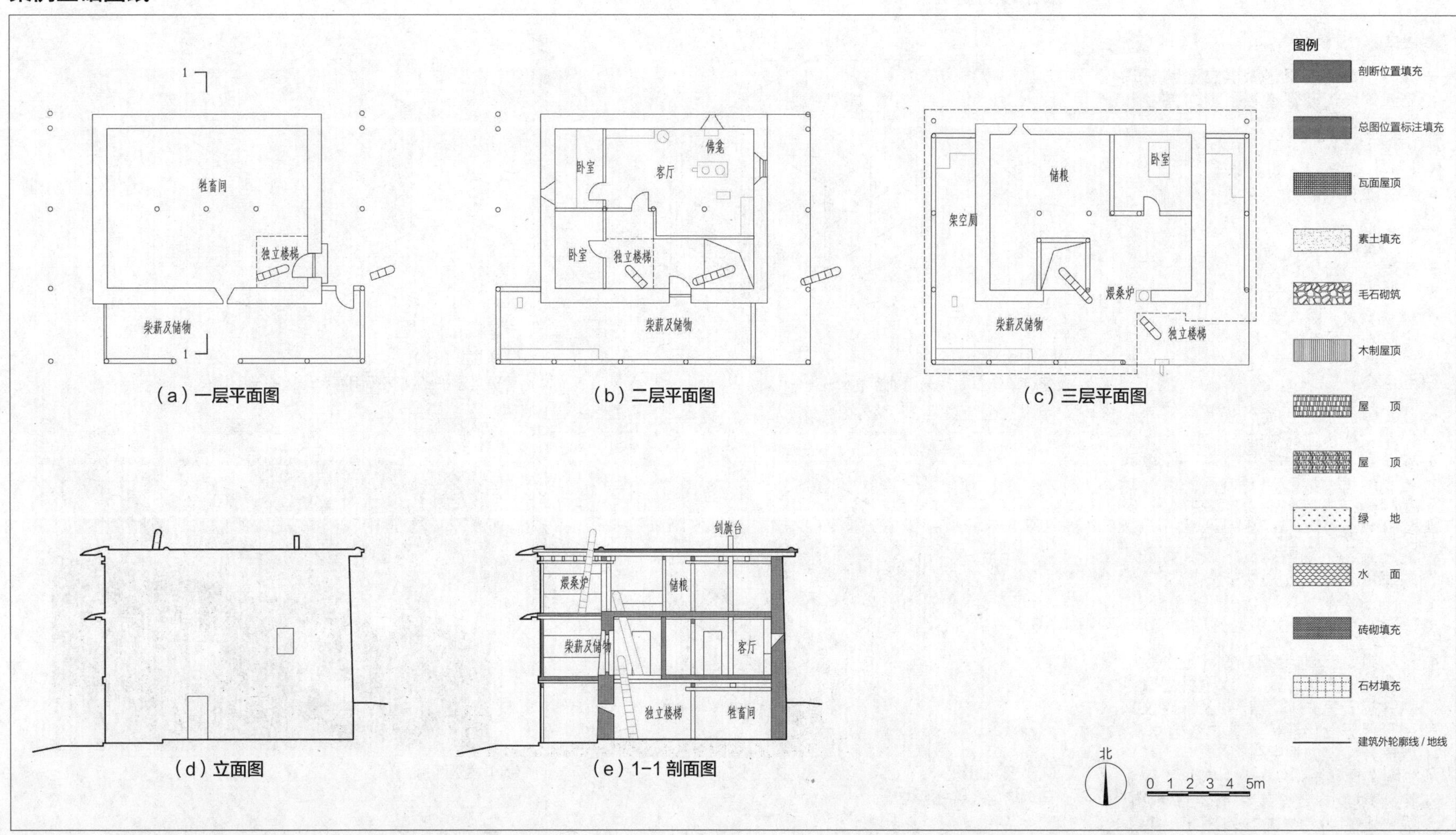

图 2.1-26　青海省果洛藏族自治州玛县灯塔乡可塔村某碉楼基础图纸

2.2　夏季防热

宁夏西海固高房子

基本信息

- 分布：宁夏回族自治区固原地区(包括原州区、彭阳县、隆德县、西吉县、泾源县)
- 民族：回族、汉族
- 材料：土坯、木材
- 结构：土木混合结构

环境条件

- 水资源匮乏，水土流失严重；
- 气温高，年较差、日较差大；
- 日照强烈；
- 降水量小且分布不均，蒸发量大；
- 多风沙。

绿色经验

- 建筑底层设置土坯箍窑，以防潮隔热，多用于存放粮食或麦草；
- 建筑外围护结构采用高大厚重的生土墙体，以抵御风沙；
- 建筑外墙设置檐廊，以防晒、防热。

设计建议

- 空间组织方面，建议优化建筑平面布局，在建筑内部增加气候缓冲空间，以降低建筑能耗并提升室内环境舒适度；
- 材料选择和围护结构设计方面，建议合理选用建筑结构材料，优化建筑围护结构的热工性能。

绿色设计原理

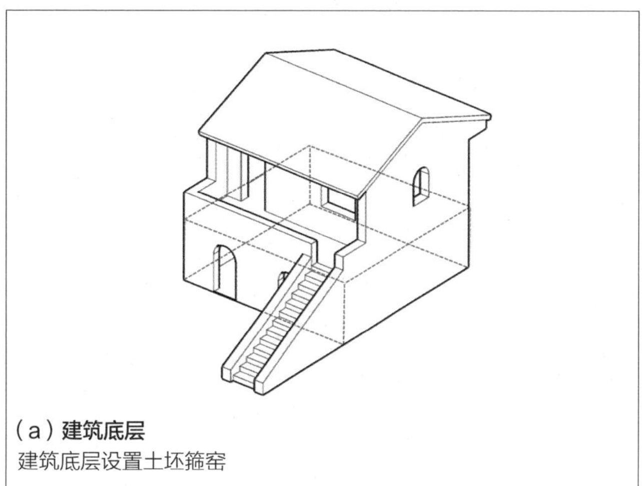

(a) **建筑底层**
建筑底层设置土坯箍窑

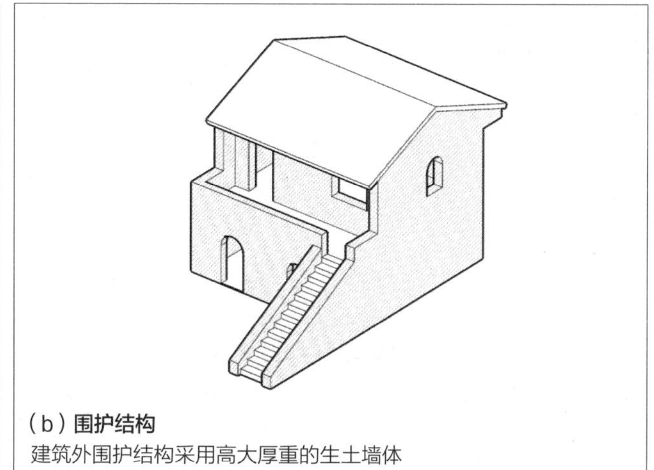

(b) **围护结构**
建筑外围护结构采用高大厚重的生土墙体

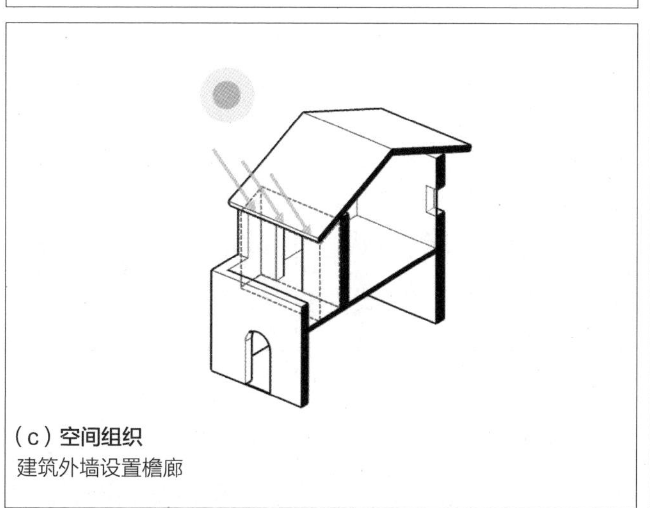

(c) **空间组织**
建筑外墙设置檐廊

(d) **案例照片**

图 2.2-1　宁夏西海固高房子绿色设计原理

宁夏西海固高房子

案例基础图纸

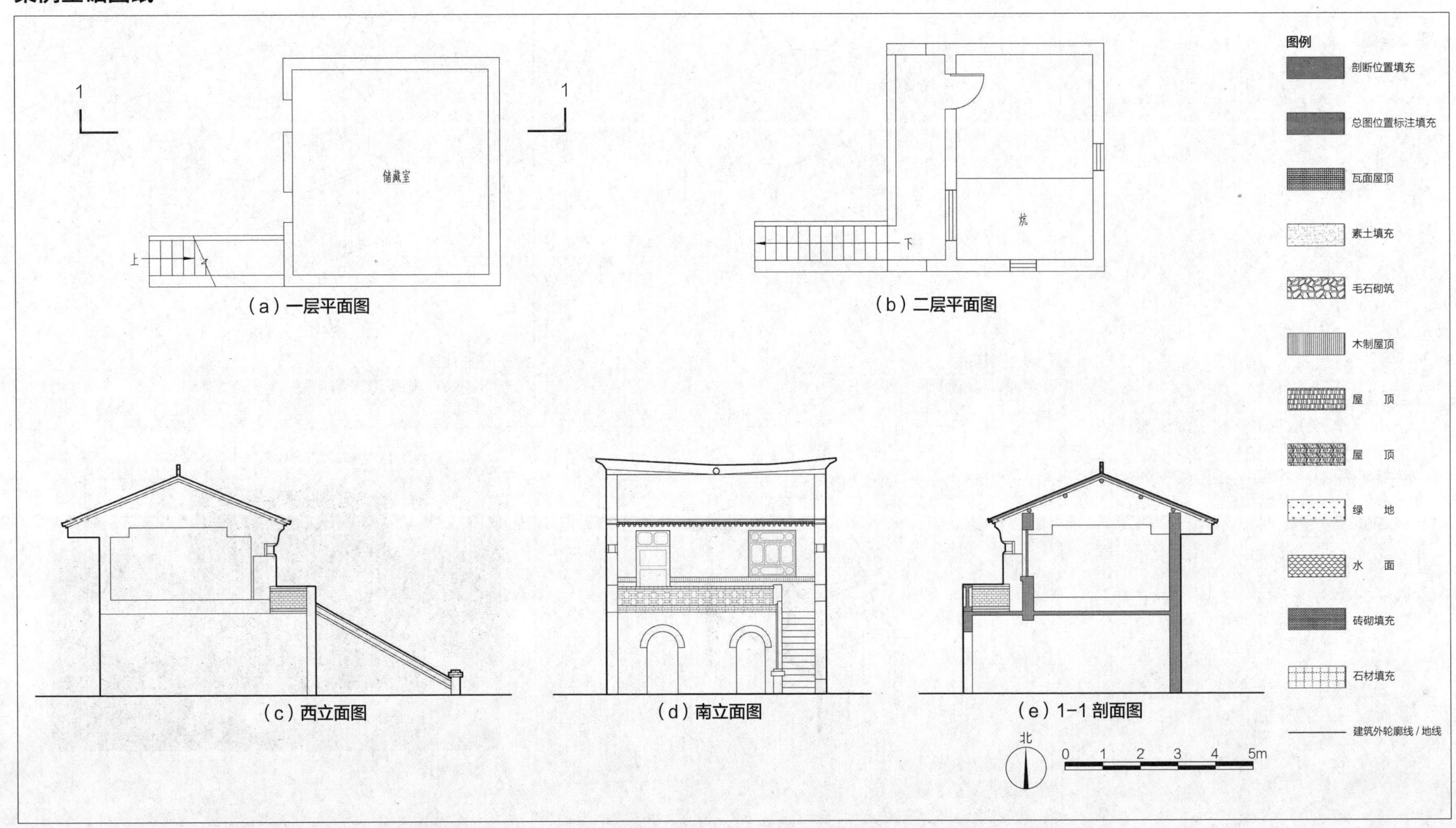

图 2.2-2　宁夏中卫市海原县李俊乡红星村马宅基础图纸

宁夏西海固土坯房

基本信息

- 分布：宁夏回族自治区西海固地区
- 民族：回族、汉族
- 材料：土坯、砖、木材、芦苇、草泥
- 结构：土构

环境条件

- 水资源匮乏，水土流失严重；
- 气温高，年较差、日较差大；
- 日照强烈；
- 降水量小且分布不均，蒸发量大；
- 多风沙。

绿色经验

- 建筑单体多采用简单规整的形式，屋顶多采用平顶或坡度极小的单坡顶，以减少与外部环境的热交换；
- 建筑平面布局多以建筑围合形成相对独立的院落，对外封闭，对内开放，以抵抗外部环境的不利影响，形成舒适的内部环境；
- 院落内多种植植物，以发挥其遮阳、蒸腾降温作用，调节微气候。

设计建议

- 场地布局和空间组织方面，建议控制体形系数，优化建筑平面布局，以降低建筑能耗并提升室内环境舒适度；
- 景观设计方面，建议严格保护场地生态环境，充分利用场地内空间进行绿化设计。

绿色设计原理

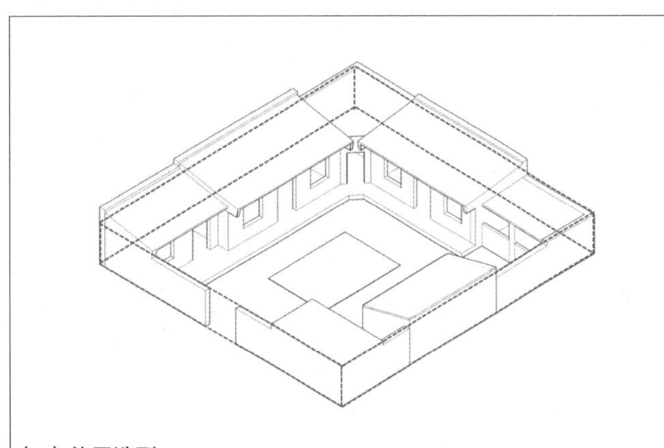

（a）体量造型
建筑单体多采用简单规整的形式

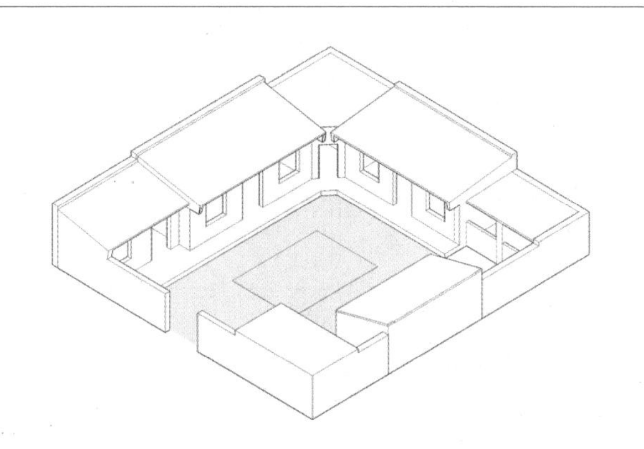

（b）空间组织
建筑平面布局多以建筑围合形成相对独立的院落

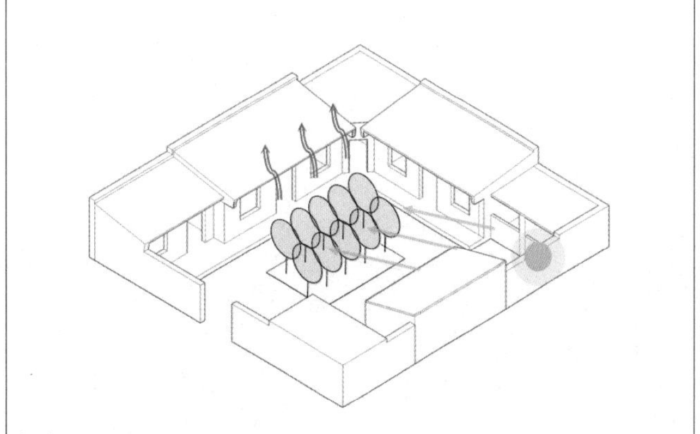

（c）景观设计
院落内多种植植物

（d）案例照片

图 2.2-3　宁夏西海固高房子绿色设计原理分析

宁夏西海固土坯房

案例基础图纸

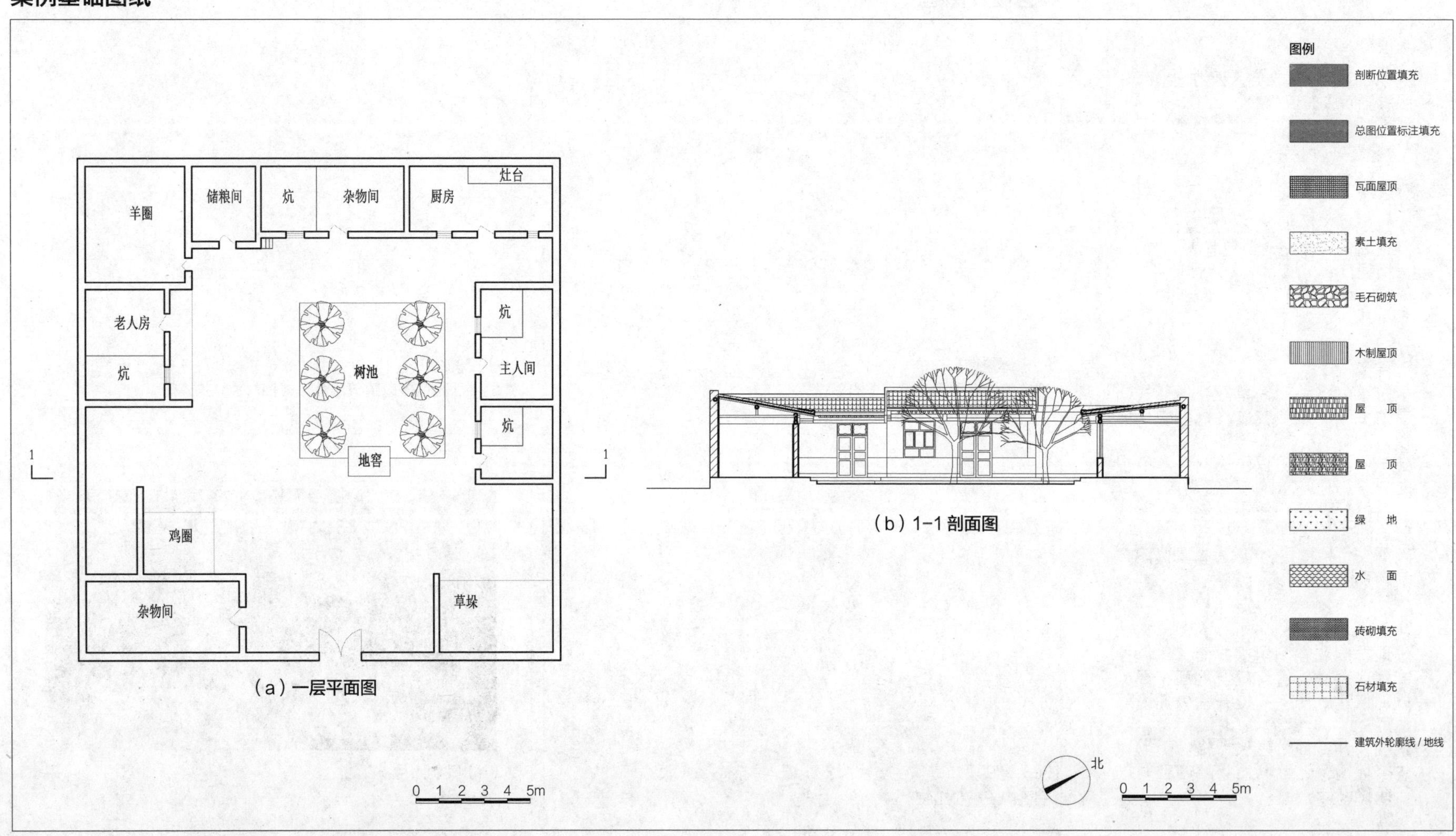

图 2.2–4 宁夏中卫市海原县李俊乡红星村杨宅基础图纸

新疆维吾尔族吐鲁番民居

基本信息

- 分布：新疆维吾尔自治区吐鲁番地区
- 民族：维吾尔族
- 材料：生土、木材、芦苇、草泥
- 结构：土木混合结构

环境条件

- 土层深厚；
- 气温年较差大、日较差大；
- 日照强烈且时间长；
- 降水量小，蒸发量大；
- 多大风。

绿色经验

- 建筑单体多采用尺度小、空间低矮、围合封闭的方式，以减少极端日照、风沙气候对建筑的不利影响；
- 建筑内多设置位于地下或半地下的夏室，以利用土壤的绝热性能提供更稳定的室内热环境；
- 院落中多设置半开放的高棚架，以遮阳并引导空气流动。

设计建议

- 场地布局和空间组织方面，建议合理开发利用地下空间，优化建筑平面布局，以降低建筑能耗并提升室内环境舒适度。

绿色设计原理

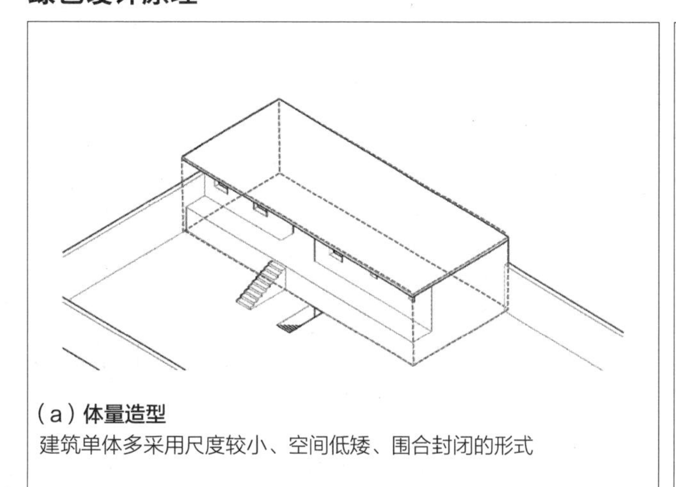

（a）**体量造型**
建筑单体多采用尺度较小、空间低矮、围合封闭的形式

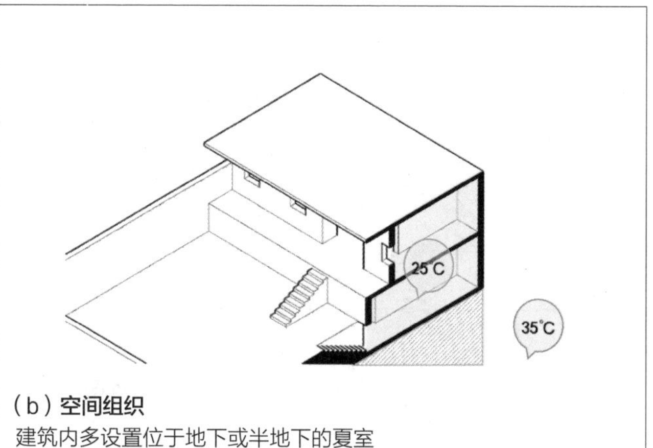

（b）**空间组织**
建筑内多设置位于地下或半地下的夏室

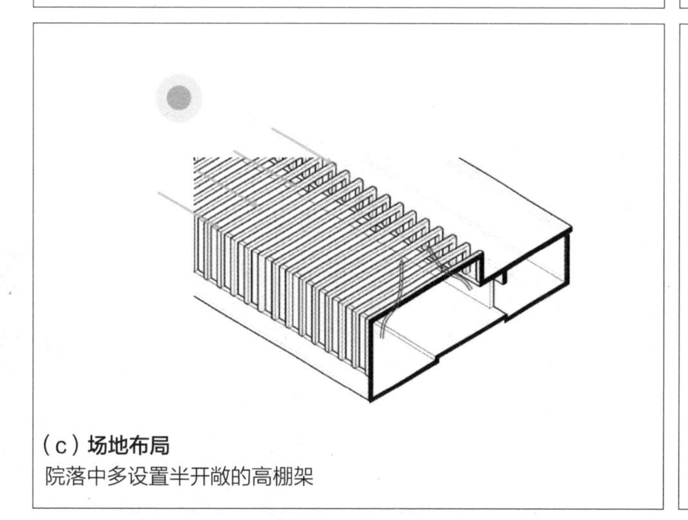

（c）**场地布局**
院落中多设置半开敞的高棚架

（d）**案例照片**

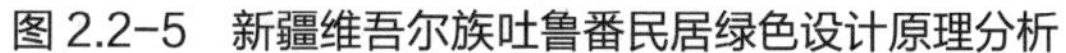

图 2.2-5　新疆维吾尔族吐鲁番民居绿色设计原理分析

新疆维吾尔族吐鲁番民居

案例基础图纸

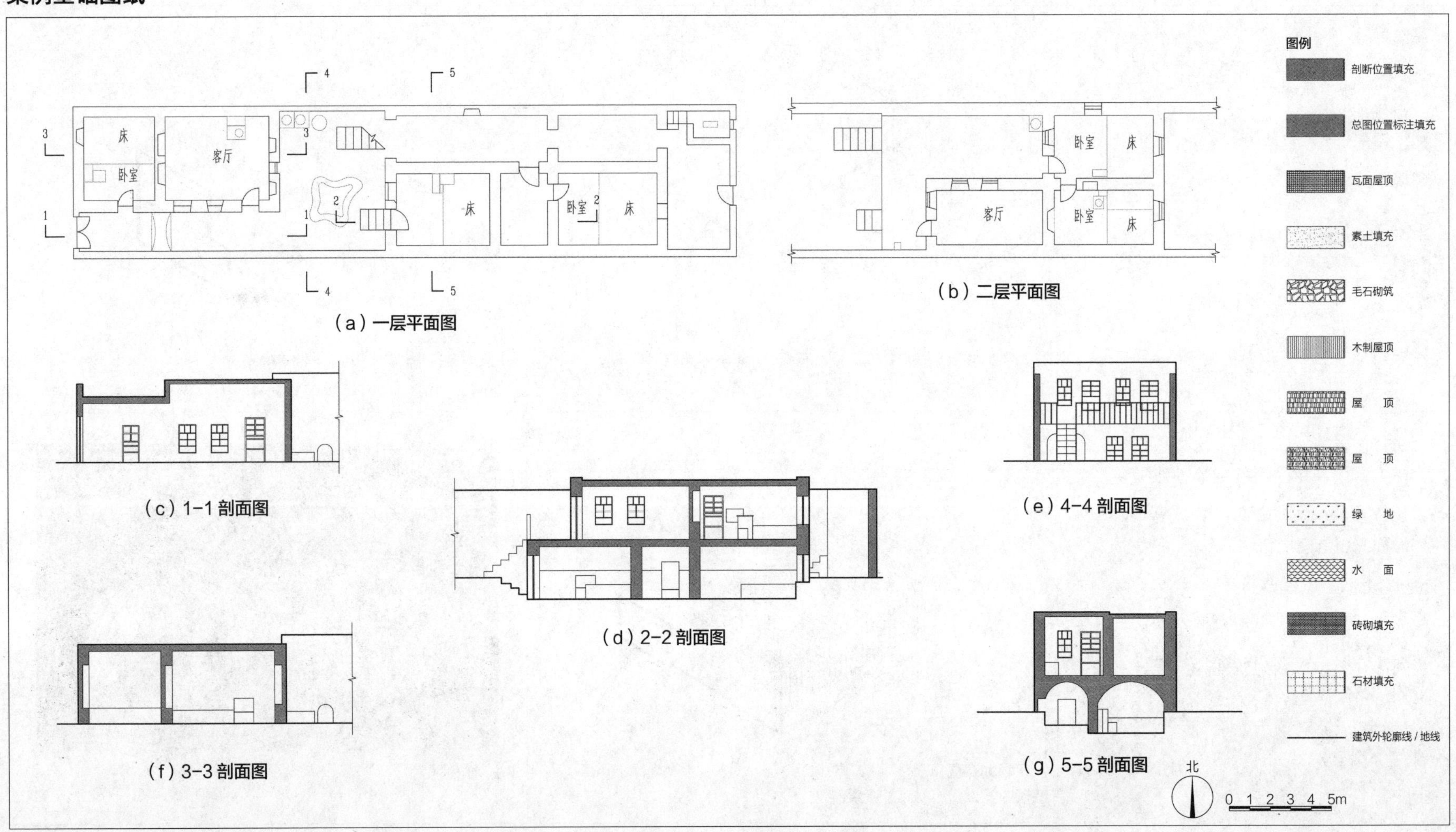

图 2.2-6　新疆吐鲁番吐峪沟麻扎村某民居基础图纸

重庆主城区传统合院

基本信息

- 分布：重庆市渝中、沙坪坝、九龙坡、南岸、北碚等区
- 民族：汉族
- 材料：木、竹、土、青瓦
- 结构：木构

环境条件

- 地形起伏大；
- 夏季炎热潮湿；
- 降水量大。

绿色经验

- 建筑组群多顺应地形采用院落式布局，屋顶出檐较深，以在夏季屏蔽过多的太阳辐射，营造阴凉环境；
- 单个院落通过调节空间比例形成拔风效果，以促进热压通风；
- 院落多在轴线上形成穿堂风，并利用山地温差，以促进风压和热压通风。

设计建议

- 场地布局和空间组织方面，建议结合自然地形和主导风向进行建筑布局，优化院落空间和建筑平面布局，在建筑内部增加天井或中庭，以改善自然通风，营造良好的室内热湿环境。

绿色设计原理

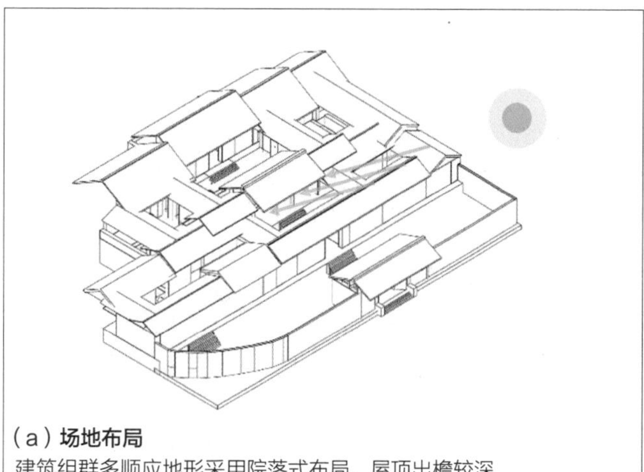

（a）场地布局
建筑组群多顺应地形采用院落式布局，屋顶出檐较深

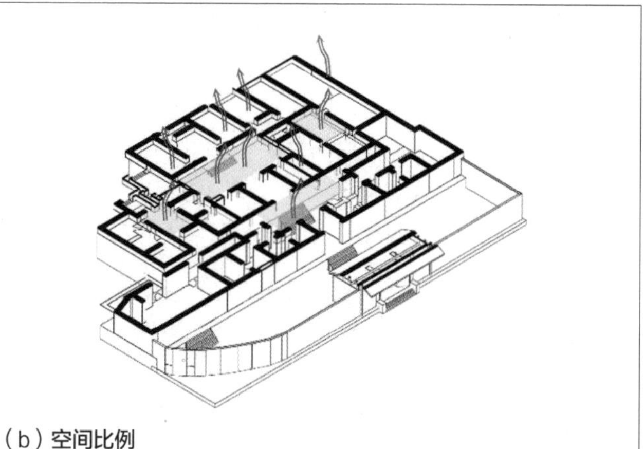

（b）空间比例
单个院落通过调节空间比例形成拔风效果

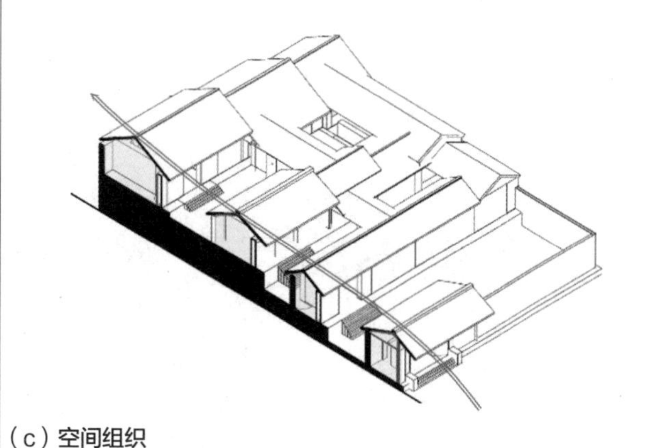

（c）空间组织
院落多在轴线上形成穿堂风

（d）案例照片

图 2.2-7　重庆主城区传统合院绿色设计原理分析

重庆主城区传统合院

案例基础图纸

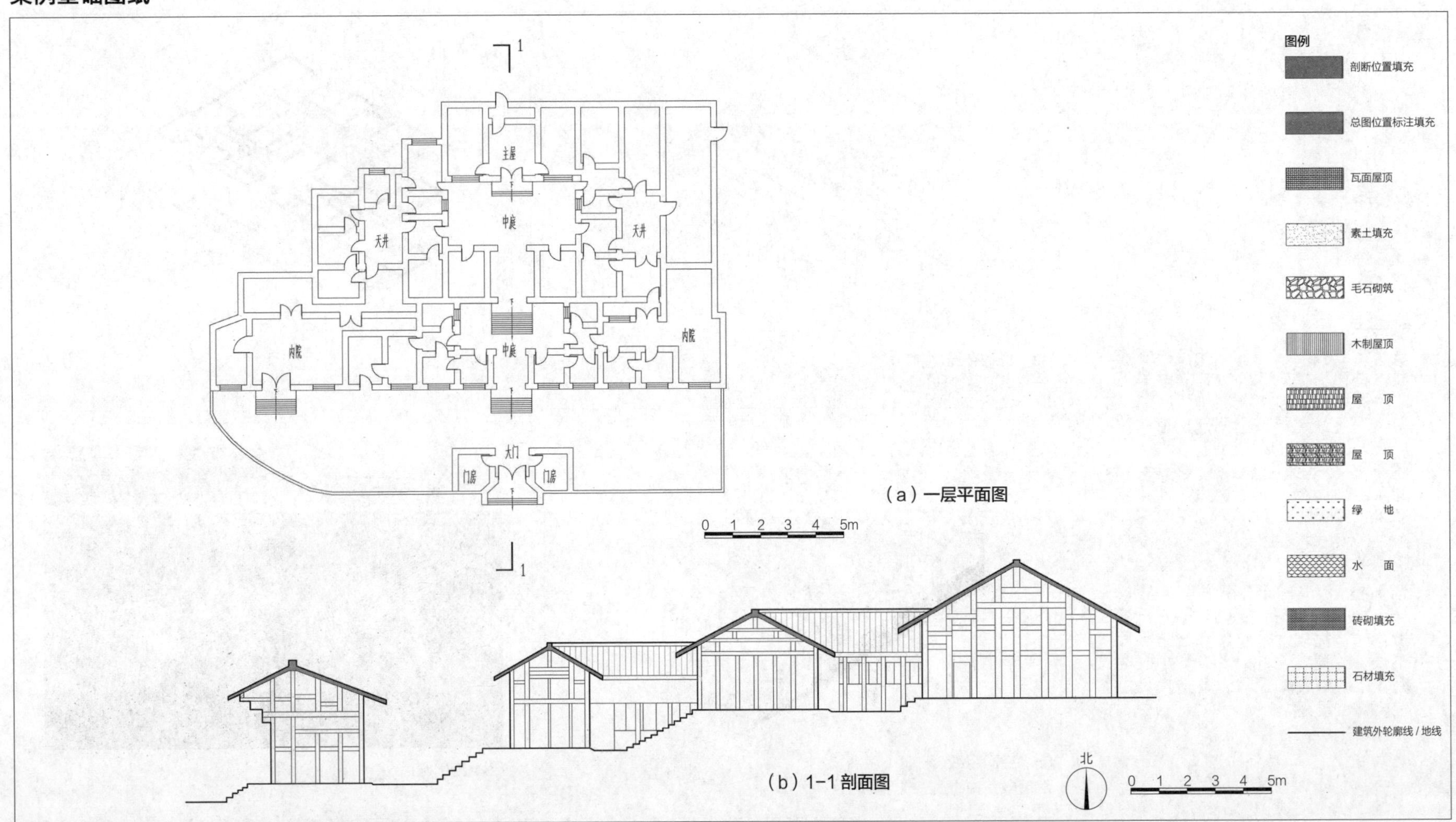

图 2.2-8　重庆沙坪坝区秦家岗周家大院基础图纸

云南藏族土掌房

基本信息

- 分布：云南省德钦县
- 民族：藏族
- 材料：石、土、木
- 结构：土木混合结构

环境条件

- 林木资源丰富；
- 气候温和。

绿色经验

- 建筑多利用台地高差错层布局，并采用半地下的空间形式，以集约利用土地，并利用土壤的绝热性能提供更稳定的室内热环境；
- 建筑底层和顶层空间作为气候缓冲层，为中间层的居住空间提供更舒适的热环境；
- 建筑内部多设置天井、回廊、挑檐，以调节微气候。

设计建议

- 场地布局和空间组织方面，建议合理开发利用地下空间，优化建筑平面布局，在建筑内部增加天井或中庭，以降低建筑能耗并提升室内环境舒适度。

绿色设计原理

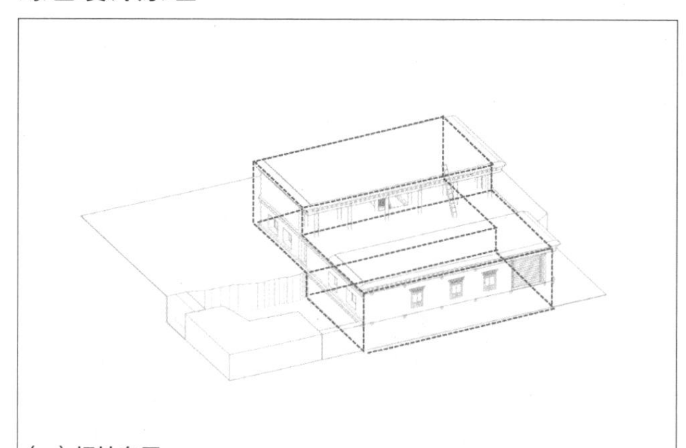

（a）**场地布局**
建筑多利用台地高差错层布局

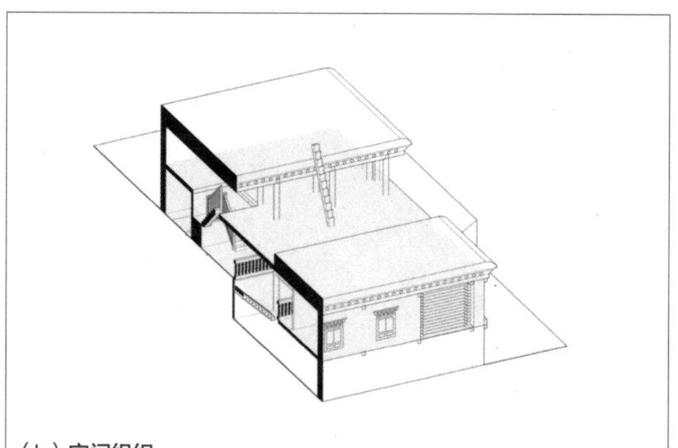

（b）**空间组织**
建筑底层和顶层空间作为气候缓冲层

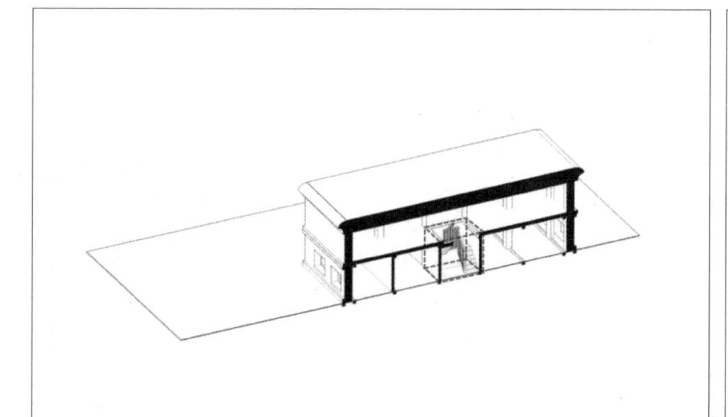

（c）**建筑内部**
建筑内部多设置天井、回廊、挑檐

（d）**案例照片**

图 2.2-9　云南藏族土掌房绿色设计原理分析

云南藏族土掌房

案例基础图纸

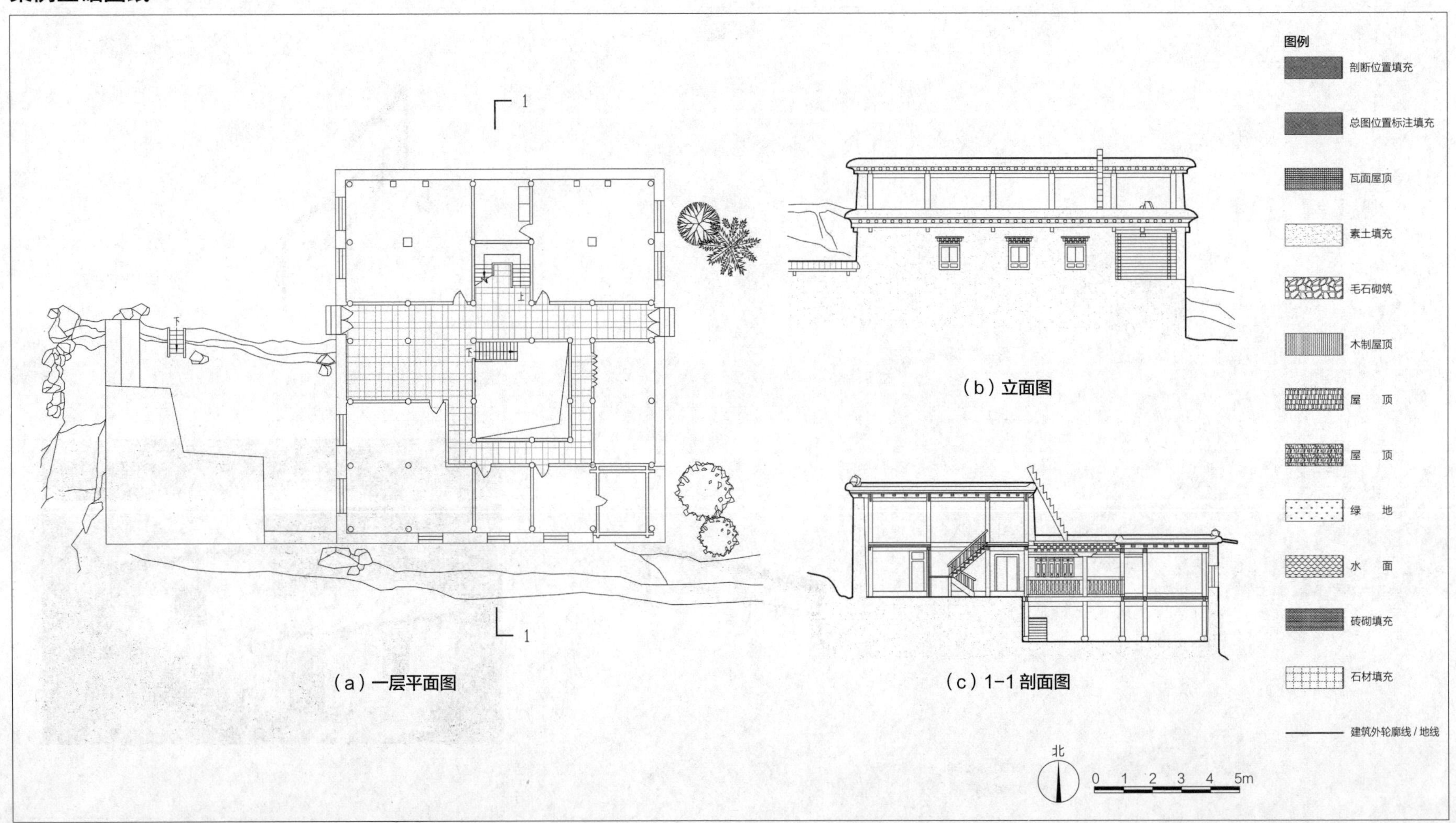

图 2.2-10 云南迪庆藏族自治州德钦县尼巴达村某宅基础图纸

云南哈尼族蘑菇房

基本信息

- 分布：云南省红河哈尼族彝族自治州元阳、红河、绿春等县
- 民族：哈尼族
- 材料：土、木、草
- 结构：土木混合结构

环境条件

- 夏季气温高，日较差大；
- 降水量大。

绿色经验

- 建筑单体多采用尺度较小、简单规整的形式，在土掌房的基础上加盖蘑菇形屋顶，以减少与外部环境的热交换并适应多雨气候；
- 建筑外围护结构多采用厚重的实木墙体，以利用其良好的保温蓄热性能，外立面开窗较少且面积较小，以减少门窗洞口处的空气渗透；
- 建筑上部多设置夹层空间作为气候缓冲层，为下层居住空间提供更舒适的热环境。

设计建议

- 空间组织方面，建议控制体形系数，优化建筑平面布局，在建筑内部增加气候缓冲空间，以降低建筑能耗并提升室内环境舒适度；
- 材料选择和围护结构设计方面，建议合理选用建筑结构材料，控制窗墙比，优化建筑围护结构的热工性能。

绿色设计原理

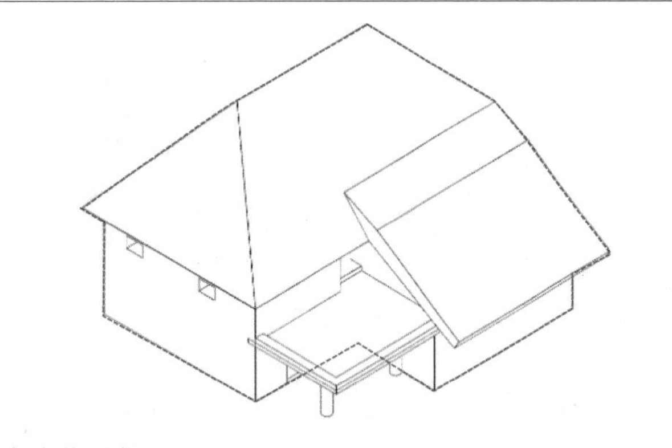

（a）体量造型
建筑单体多采用尺度较小、简单规整的形式

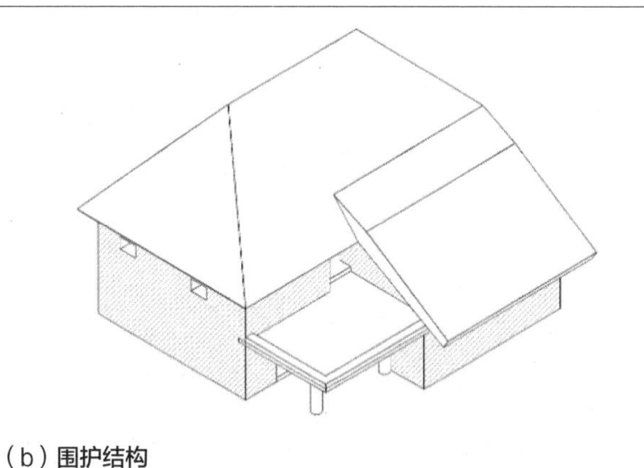

（b）围护结构
建筑外围护结构多采用厚重的实木墙体，外立面开窗较少且面积较小

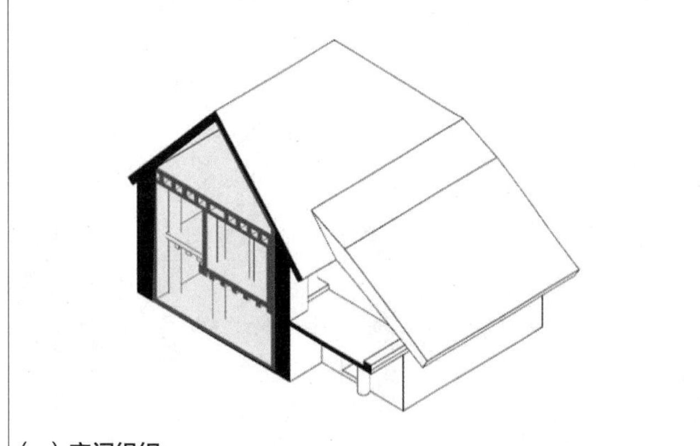

（c）空间组织
建筑上部多设置夹层空间作为气候缓冲层

（d）案例照片

图 2.2-11　云南哈尼族蘑菇房绿色设计原理分析

云南哈尼族蘑菇房

案例基础图纸

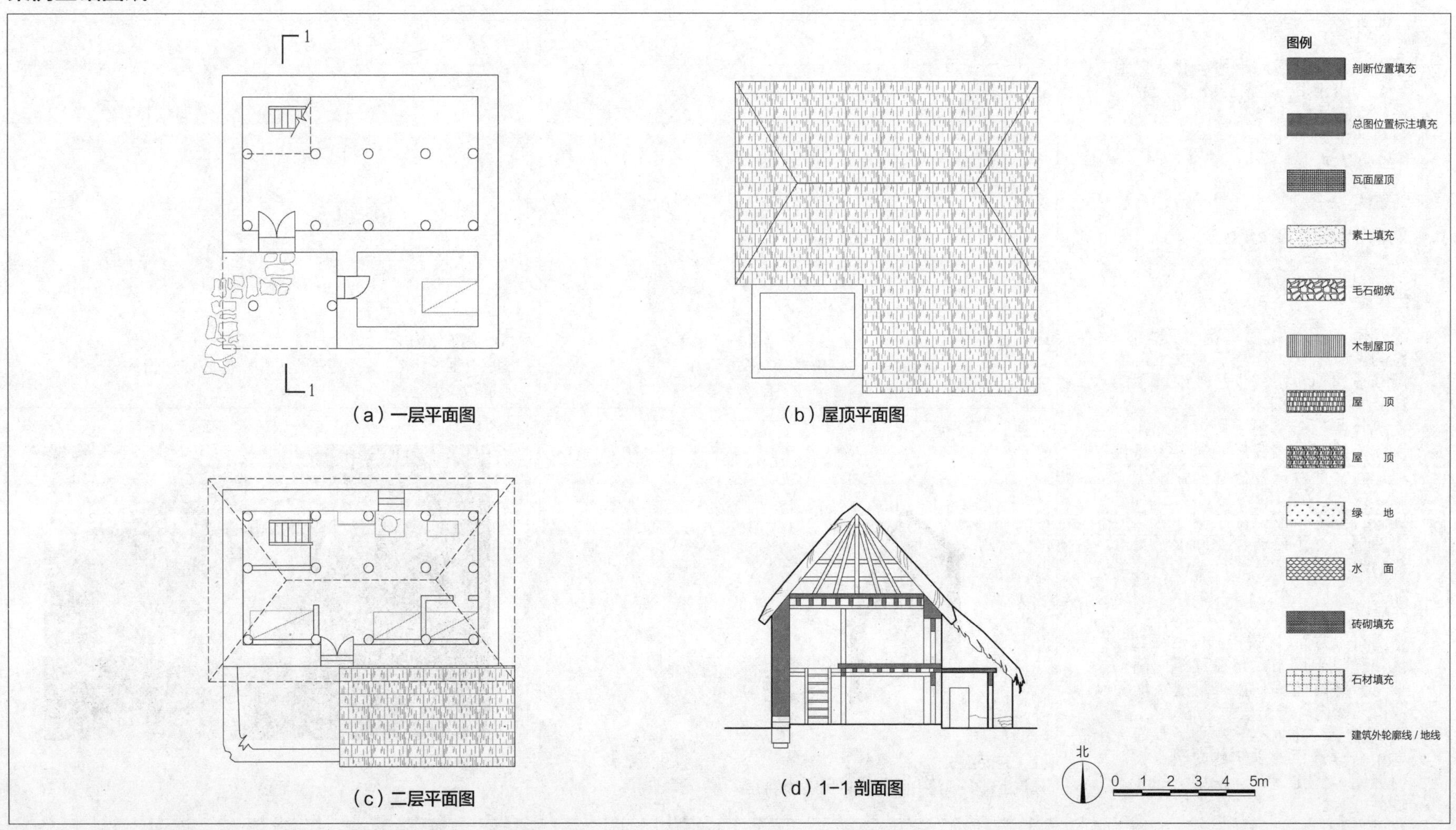

图 2.2-12　云南红河哈尼族彝族自治州元阳县新街道箐口村某宅基础图纸

贵州中部屯堡民居

基本信息

- 分布：贵州省安顺等市
- 民族：汉族
- 材料：石、木
- 结构：石构

环境条件

- 水资源丰富，石料丰富且质量高；
- 气温高；
- 日照强烈。

绿色经验

- 建筑单体多采用尺度较小、简单规整、围合封闭的楼院形式，以减少与外部环境的热交换；
- 建筑外围护结构多采用高大厚重的石砌墙体，以利用其良好的保温隔热性能；
- 外立面门洞深远，开窗较少且面积较小，以在夏季屏蔽过多的太阳辐射。

设计建议

- 空间组织方面，建议控制体形系数，优化建筑平面布局，在建筑内部增加气候缓冲空间，以降低建筑能耗并提升室内环境舒适度；
- 材料选择和围护结构设计方面，建议控制窗墙比，合理选用建筑结构材料，优化建筑围护结构的热工性能。

绿色设计原理

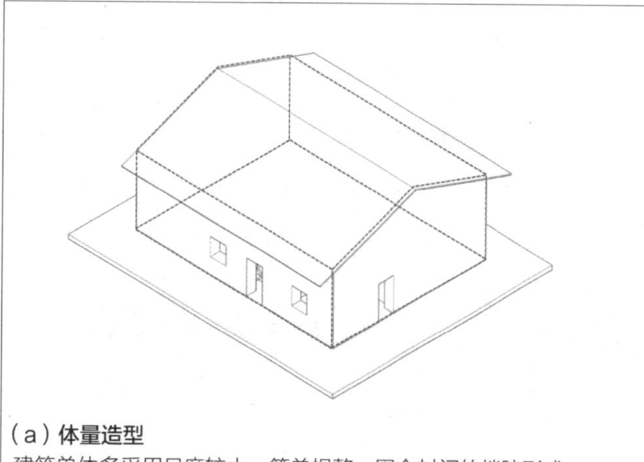

（a）**体量造型**
建筑单体多采用尺度较小、简单规整、围合封闭的楼院形式

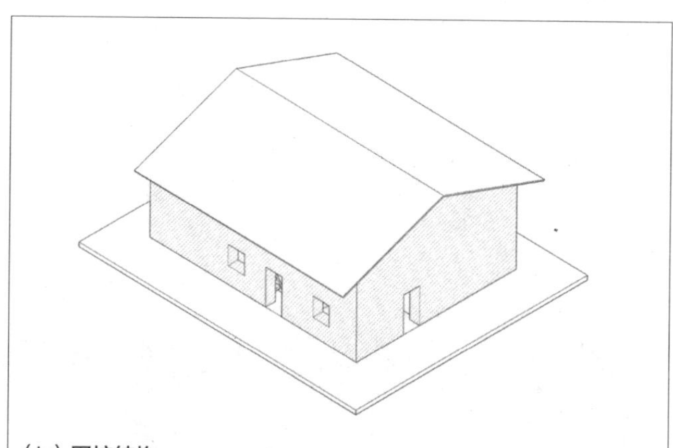

（b）**围护结构**
建筑外围护结构多采用高大厚重的石砌墙体

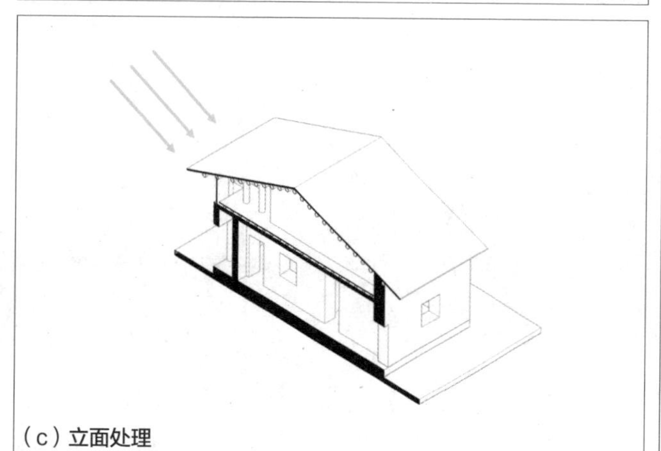

（c）**立面处理**
外立面门洞深远，开窗较少且面积较小

（d）**案例照片**

图 2.2-13　贵州中部屯堡民居绿色设计原理分析

贵州中部屯堡民居

案例基础图纸

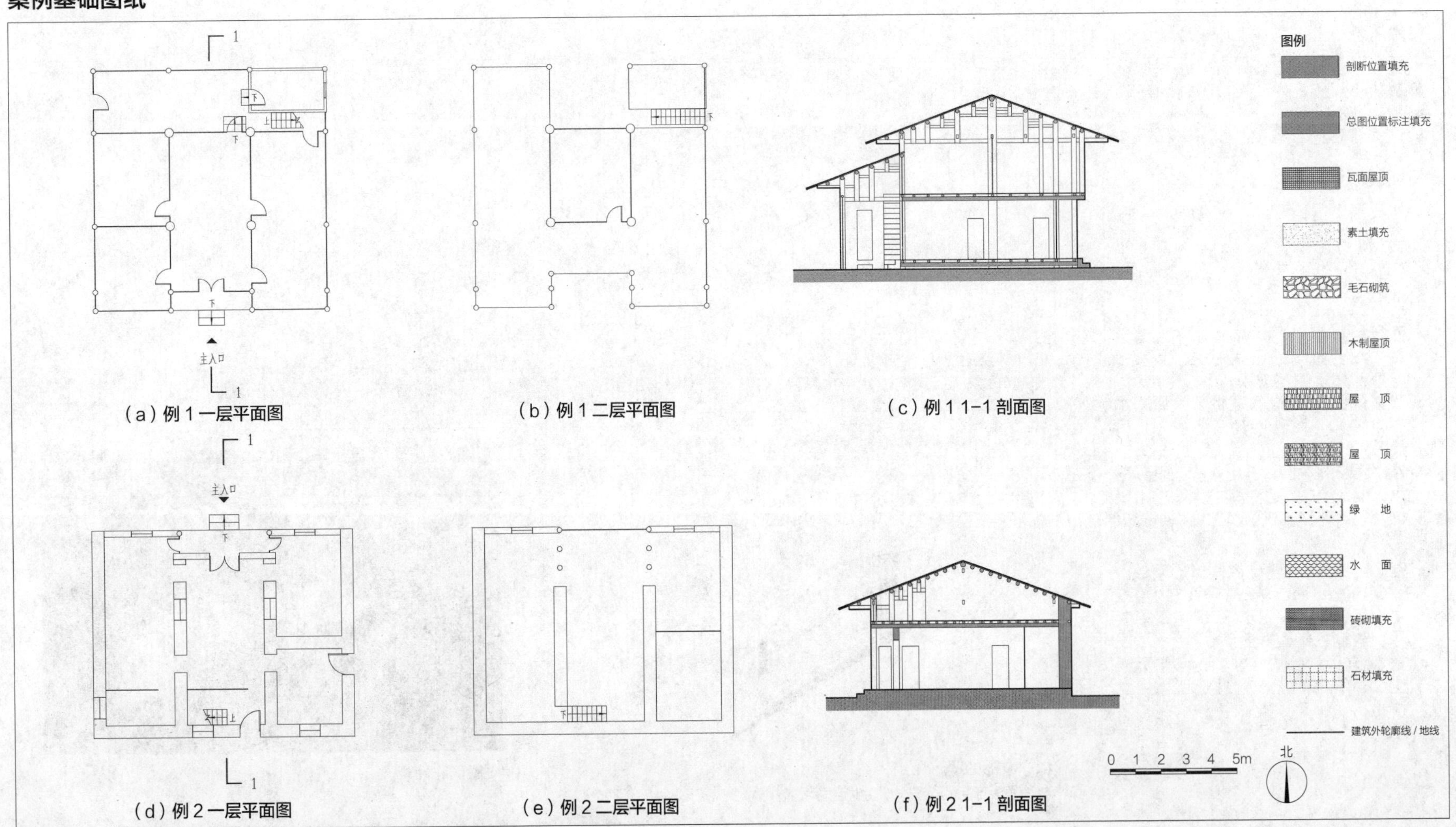

图 2.2-14 贵州黔东南苗族侗族自治州榕江县栽麻镇大利云山屯案例基础图纸

广西南部广府式院落

基本信息

- 分布：广西壮族自治区钦州、玉林等市
- 民族：汉族
- 材料：木、土、砖、青瓦
- 结构：砖木混合结构

环境条件

- 夏季炎热；
- 日照强烈；
- 降水量大。

绿色经验

- 建筑平面布局多采用小天井、大进深的形式，以在夏季屏蔽过多的太阳辐射，并满足基本采光需求。

设计建议

- 场地布局和空间组织方面，建议优化建筑平面布局，营造良好的室内热湿环境 。

绿色设计原理

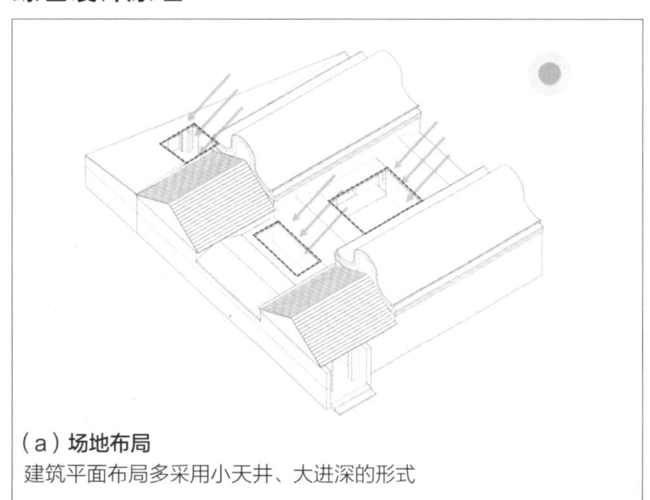

（a）**场地布局**
建筑平面布局多采用小天井、大进深的形式

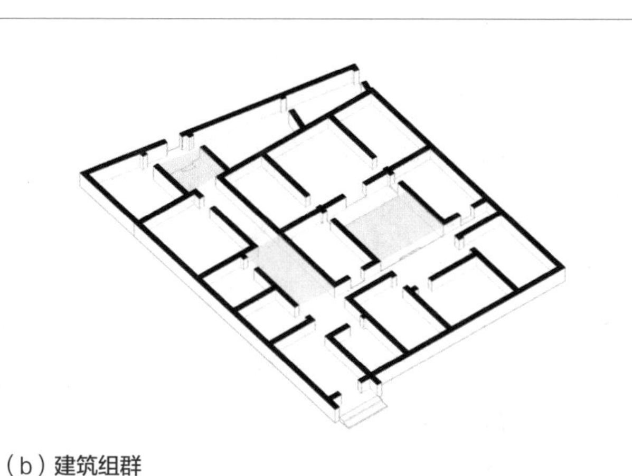

（b）**建筑组群**
建筑组群布局中院落呈均匀分布

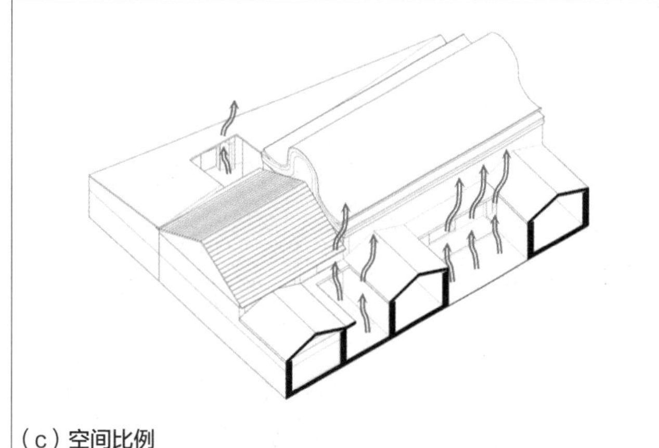

（c）**空间比例**
单个院落通过选择合适的平面尺寸形成拔风效果

（d）**案例照片**

图 2.2-15　广西南部广府式院落绿色设计原理分析

广西南部广府式院落

案例基础图纸

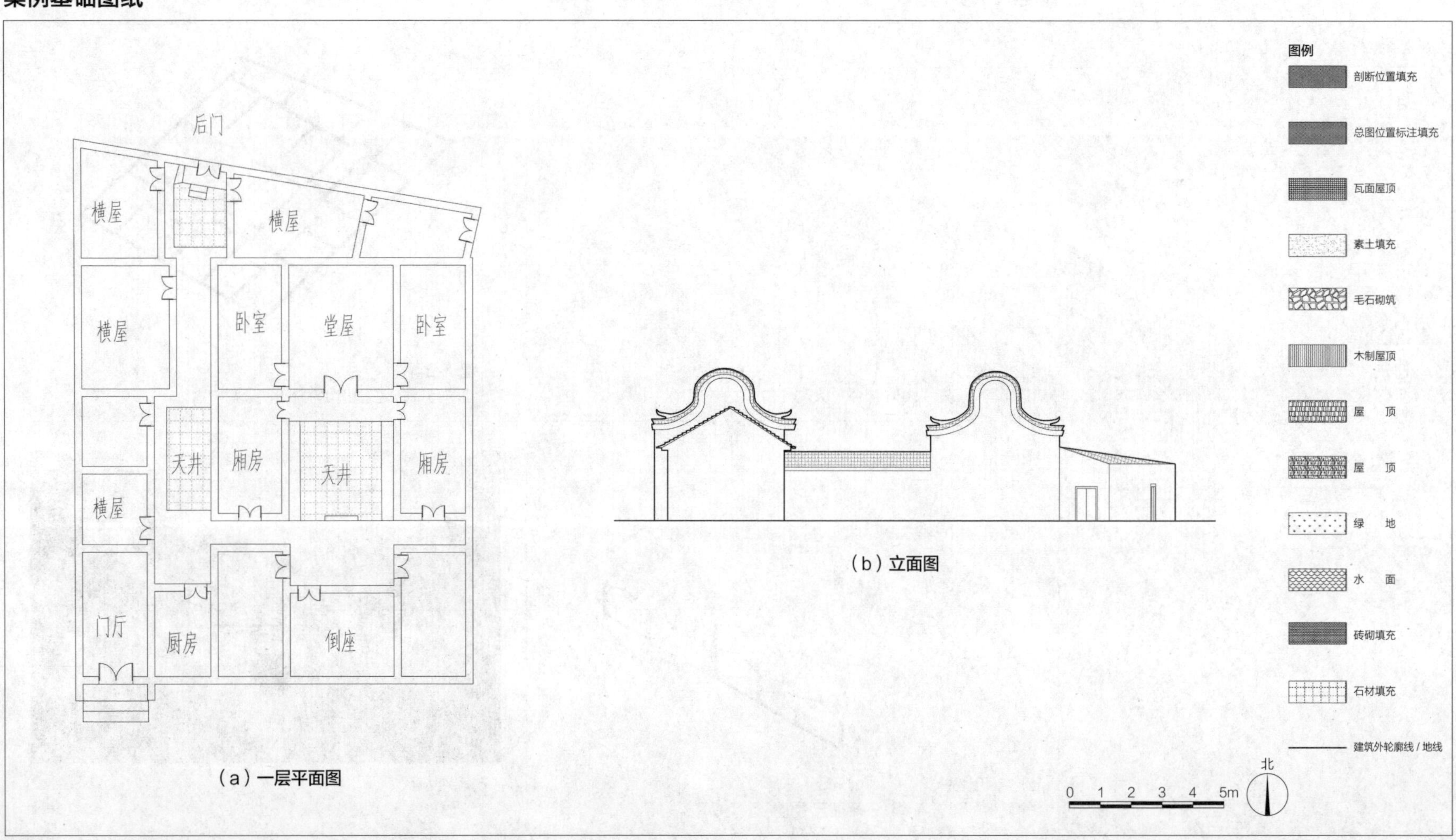

图 2.2-16 广西钦州市灵山县大芦村镬耳楼基础图纸

第 3 章

节水与水资源利用

3.1　雨水收集与利用

陕西关中窑院

基本信息

- 分布：陕西省关中地区西安市、三原县、潼关县、合阳县、富平县、旬邑县、韩城市等地
- 民族：汉族
- 材料：土、木、砖、石
- 结构：砖木混合结构

环境条件

- 土层深厚，雨水易渗难积，植被较少；
- 冬季寒冷漫长，夏季炎热干燥；
- 日照强烈；
- 降水量小。

绿色经验

- 屋顶设计多采用内向单坡，以简化屋面排水；
- 院内多设置窖井，以收集雨水，提供生活用水，并调节微气候。

设计建议

- 建议设置绿色雨水基础设施，对场地内的地表和屋面雨水径流加强组织，对场地雨水外排总量进行控制。

绿色设计原理

（a）雨水排放
屋顶设计多采用内向单坡

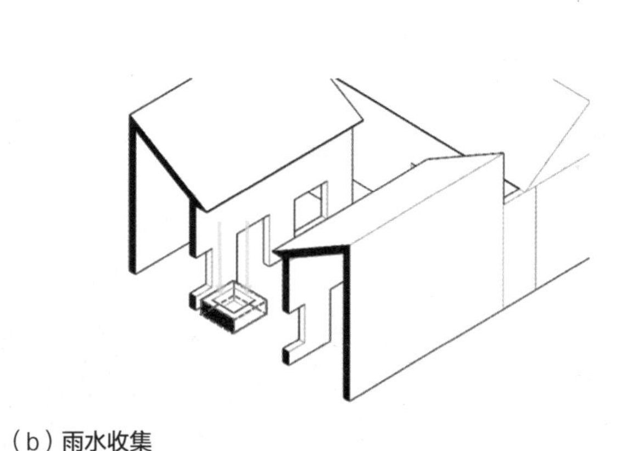

（b）雨水收集
屋面促进排水，院内多设置窖井

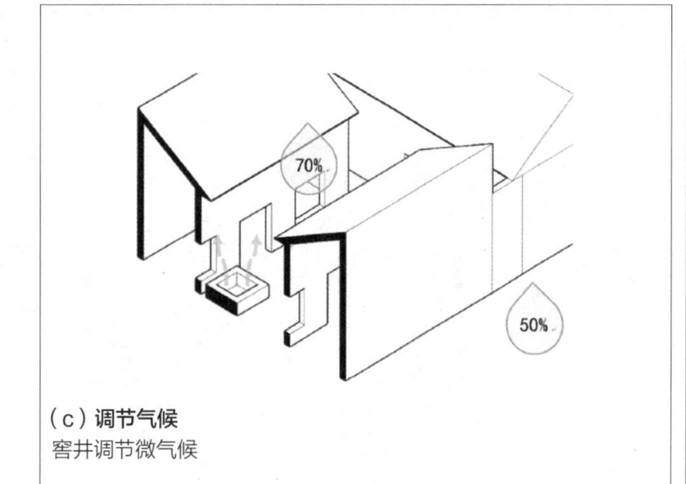

（c）调节气候
窖井调节微气候

（d）案例照片

图 3.1-1　陕西关中窑院绿色设计原理分析

陕西关中窄院

案例基础图纸

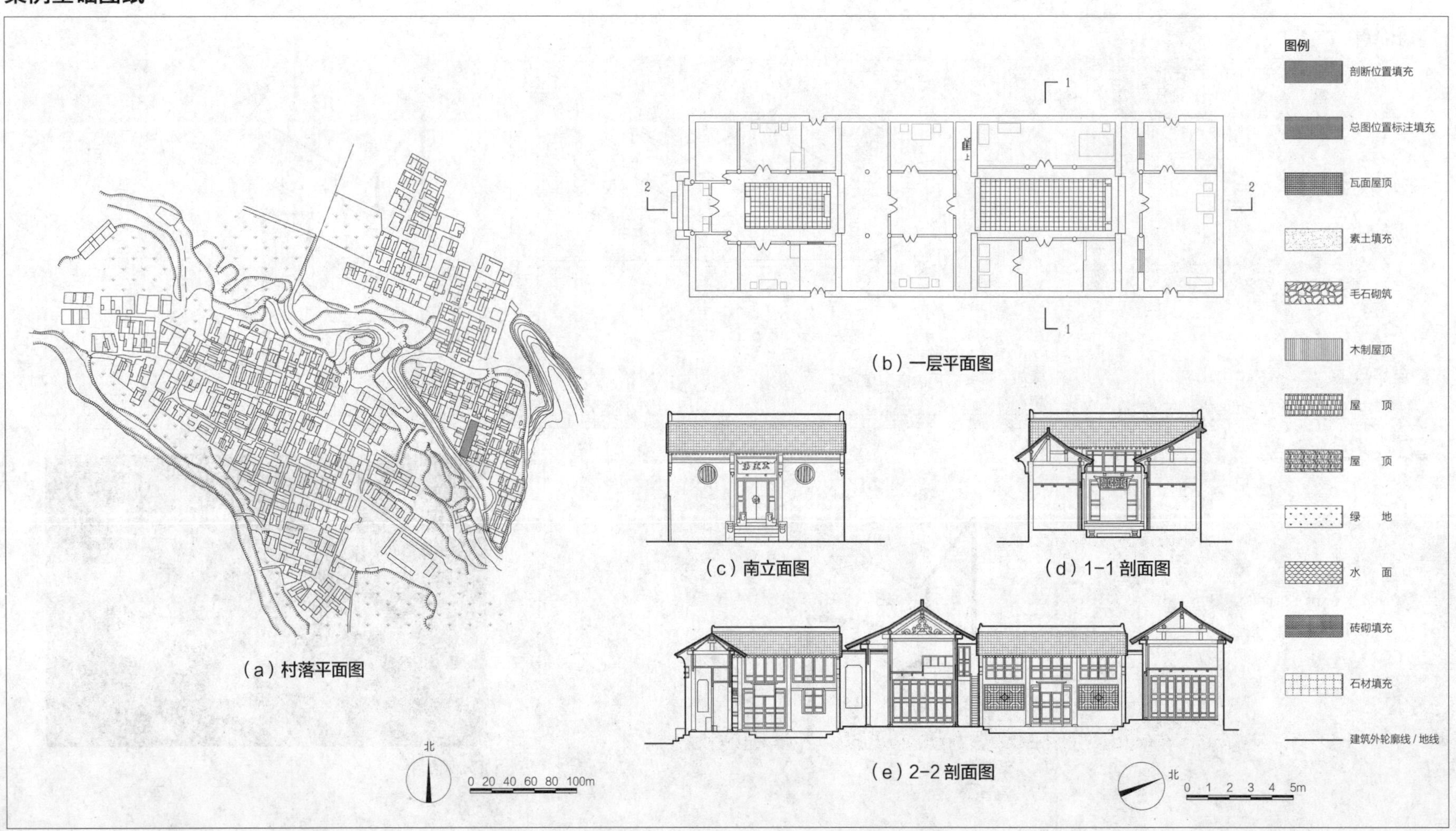

图 3.1-2　陕西汉中市城固县芦宅基础图纸

甘肃陇东地坑窑

基本信息

- 分布：甘肃省陇东地区庆阳、平凉等市
- 民族：汉族
- 材料：土、木、砖、石
- 结构：土构

环境条件

- 地势平坦，土层深厚，土质坚硬，持水量小；
- 气温日较差大；
- 日照强烈；
- 降水集中。

绿色经验

- 墙面微微向外倾斜，以促进排水；
- 院内多设置渗井、渗池，以收集、排出雨水，通过沉淀可以提供生产生活用水；
- 入口坡道内多设置排水通道，防止室外杂物污染水资源，保证生活用水洁净。

设计建议

- 建议设置绿色雨水基础设施，对场地内的地表和屋面雨水径流加强组织，对场地雨水外排总量进行控制。

绿色设计原理

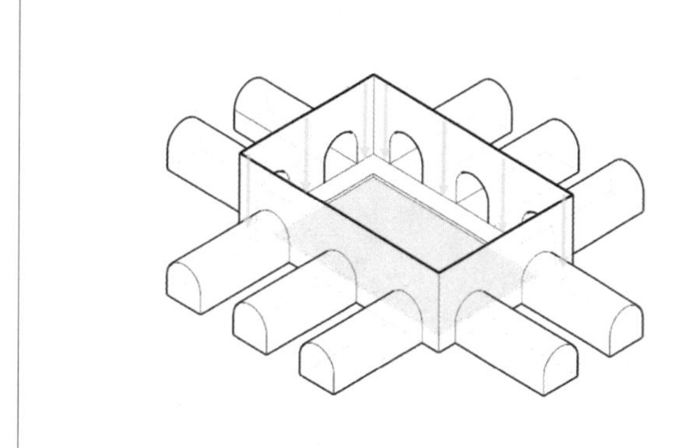

（a）**促进排水**
墙面微微向外倾斜

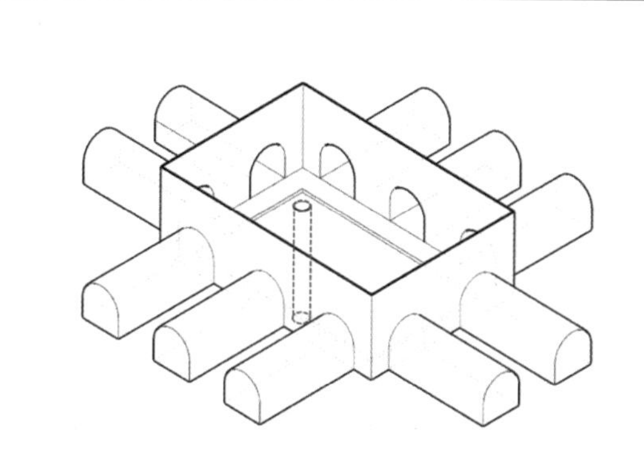

（b）**雨水收集**
院内多设置渗井、渗池

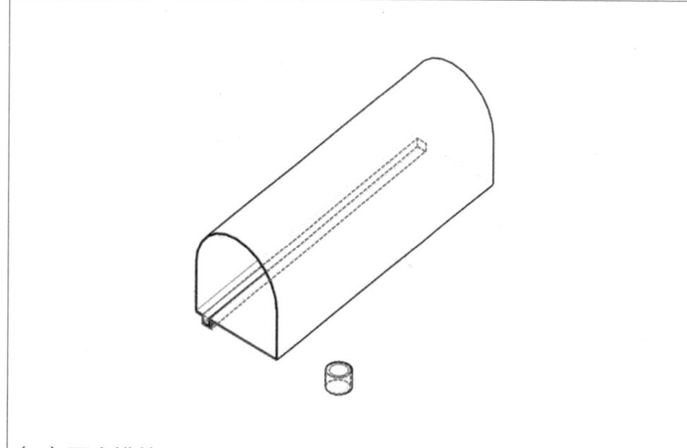

（c）**雨水排放**
入口坡道内多设置排水通道

（d）**案例照片**

图 3.1-3　甘肃陇东地坑窑绿色设计原理分析

甘肃陇东地坑窑

案例基础图纸

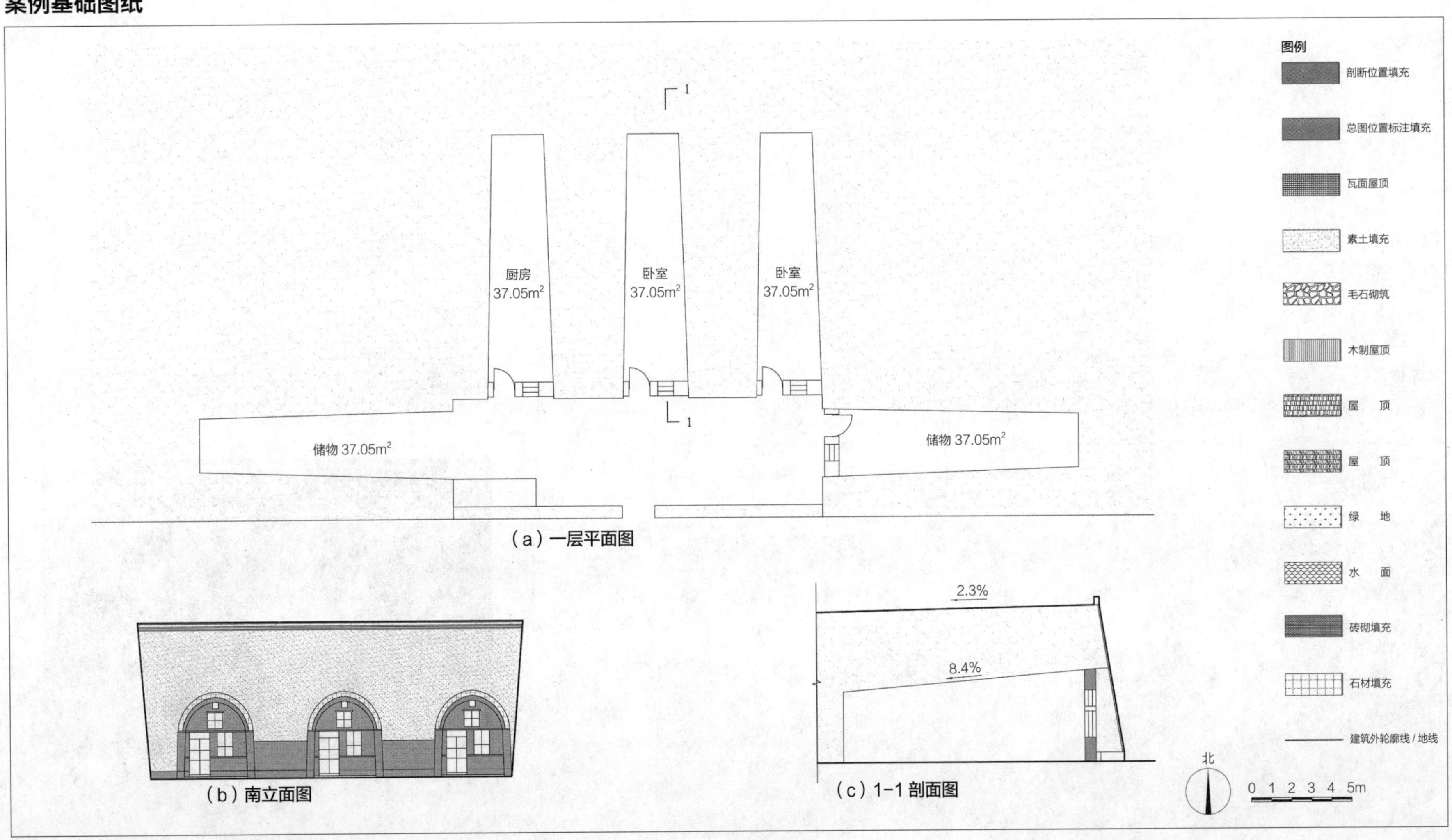

图 3.1-4 甘肃庆阳市镇原县王沟圈村王宅基础图纸

广西客家围屋

基本信息

- 分布：广西壮族自治区玉林、贵港、贺州等市
- 民族：汉族
- 材料：木、砖、石
- 结构：砖木混合结构

环境条件

- 气候温和；
- 日照充足；
- 降水量大。

绿色经验

- 建筑场地布局多顺应地势，以利用场地高差引导雨水汇流；
- 建筑平面布局以厅堂、天井为基本单元，组织雨水的收集和排放；
- 场地内多设置水塘，以收集雨水，提供生产生活用水。

设计建议

- 竖向设计方面，建议结合自然地形对场地内的地表和屋面雨水径流加强组织，对场地雨水外排总量进行控制；
- 景观设计方面，建议严格保护场地生态环境，结合雨水综合利用设施营造室外景观水体。

绿色设计原理

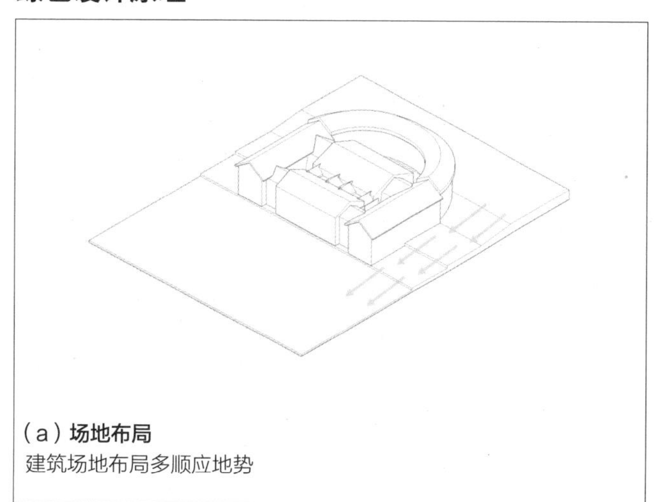

（a）**场地布局**
建筑场地布局多顺应地势

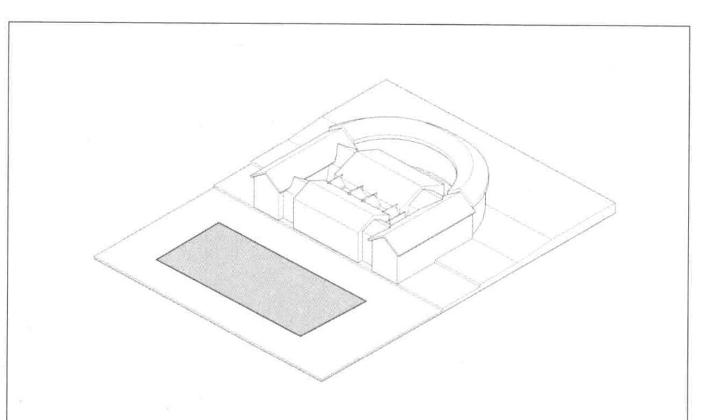

（b）**平面布局**
建筑平面布局以厅堂、天井为基本单元

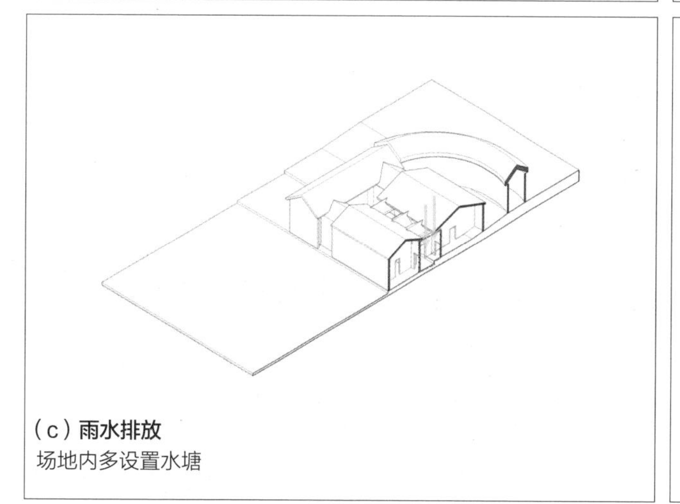

（c）**雨水排放**
场地内多设置水塘

（d）**案例照片**

图 3.1–5　广西客家围屋绿色设计原理分析

广西客家围屋

案例基础图纸

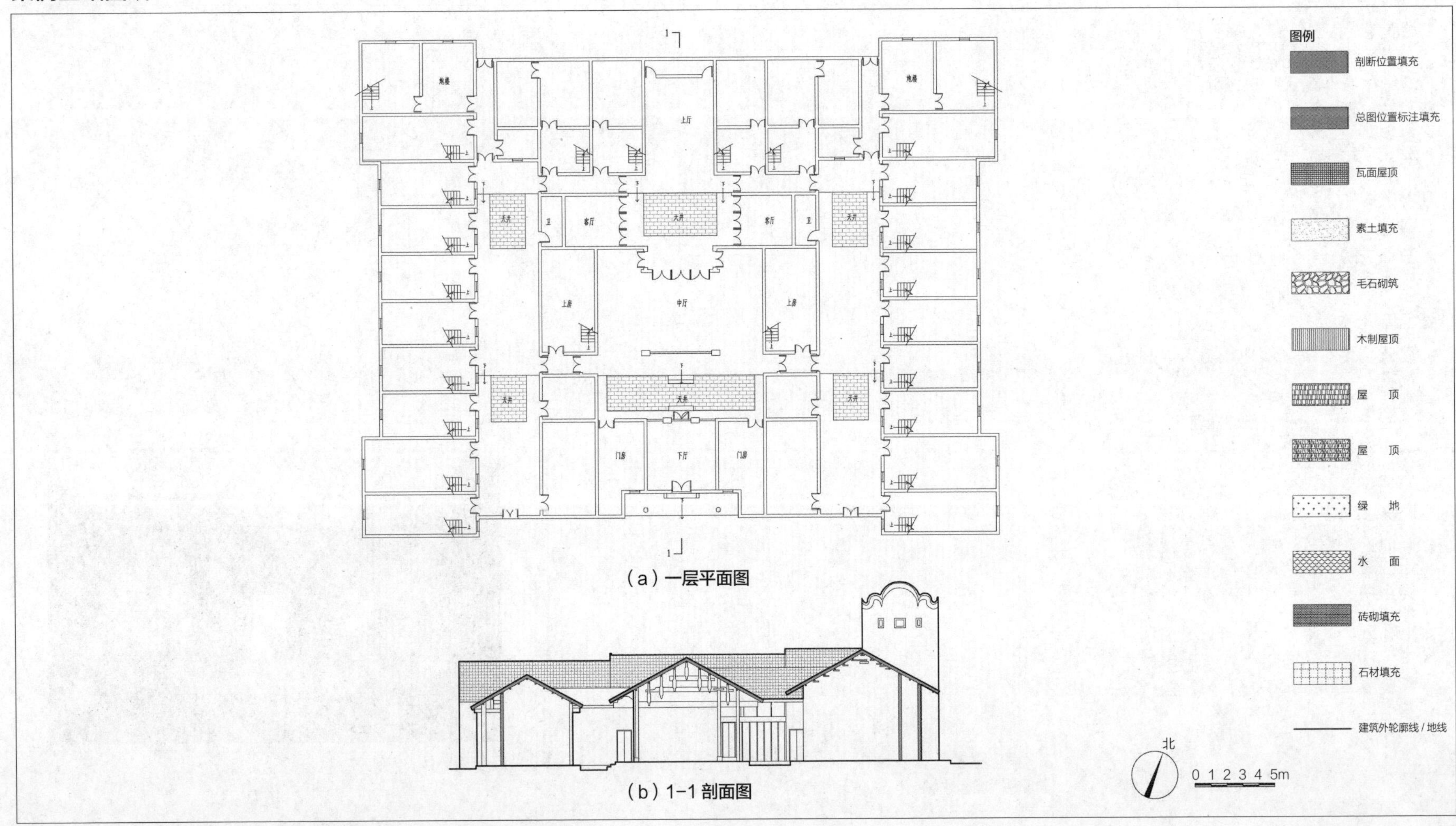

（a）一层平面图

（b）1-1 剖面图

图 3.1-6　广西柳州市柳南区西鹅乡竹鹅村凉水屯刘氏围屋基础图纸

3.2　生产生活综合用水

贵州南侗干栏式民居

基本信息

- 分布：贵州省黔东南苗族侗族自治州黎平、从江、榕江等县
- 民族：侗族
- 材料：木材、青瓦
- 结构：木构

环境条件

- 地形起伏大，可利用平地少；
- 水热条件优越，适宜林木生长；
- 夏季气候湿热；
- 日照强烈。

绿色经验

- 建筑组群多背山面水，场地布局多顺应等高线，以于保持水土环境；
- 建筑组群布局中注重水系规划，提供充足的生产生活用水，并调节微气候。

设计建议

- 竖向设计方面，建议结合自然地形对场地内的地表和屋面雨水径流加强组织，对场地雨水外排总量进行控制；
- 景观设计方面，建议严格保护场地生态环境，结合雨水综合利用设施营造室外景观水体。

绿色设计原理

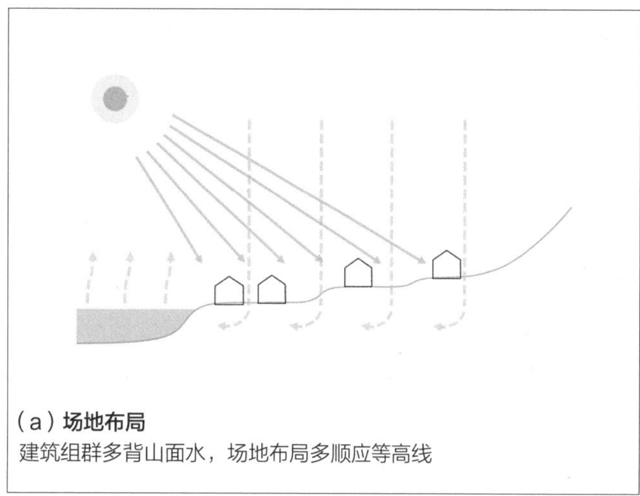

（a）场地布局

建筑组群多背山面水，场地布局多顺应等高线

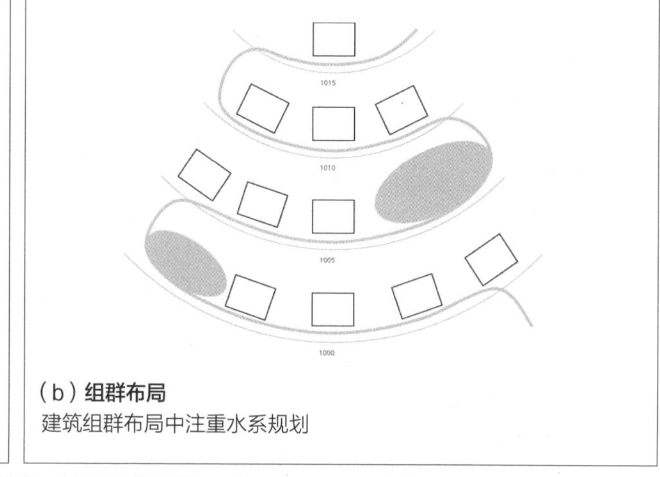

（b）组群布局

建筑组群布局中注重水系规划

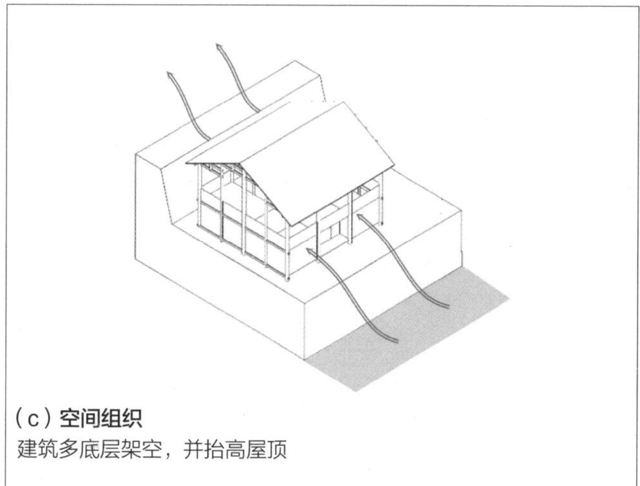

（c）空间组织

建筑多底层架空，并抬高屋顶

（d）案例照片

图 3.2-1　贵州南侗干栏式民居绿色设计原理分析

贵州南侗干栏式民居

案例基础图纸

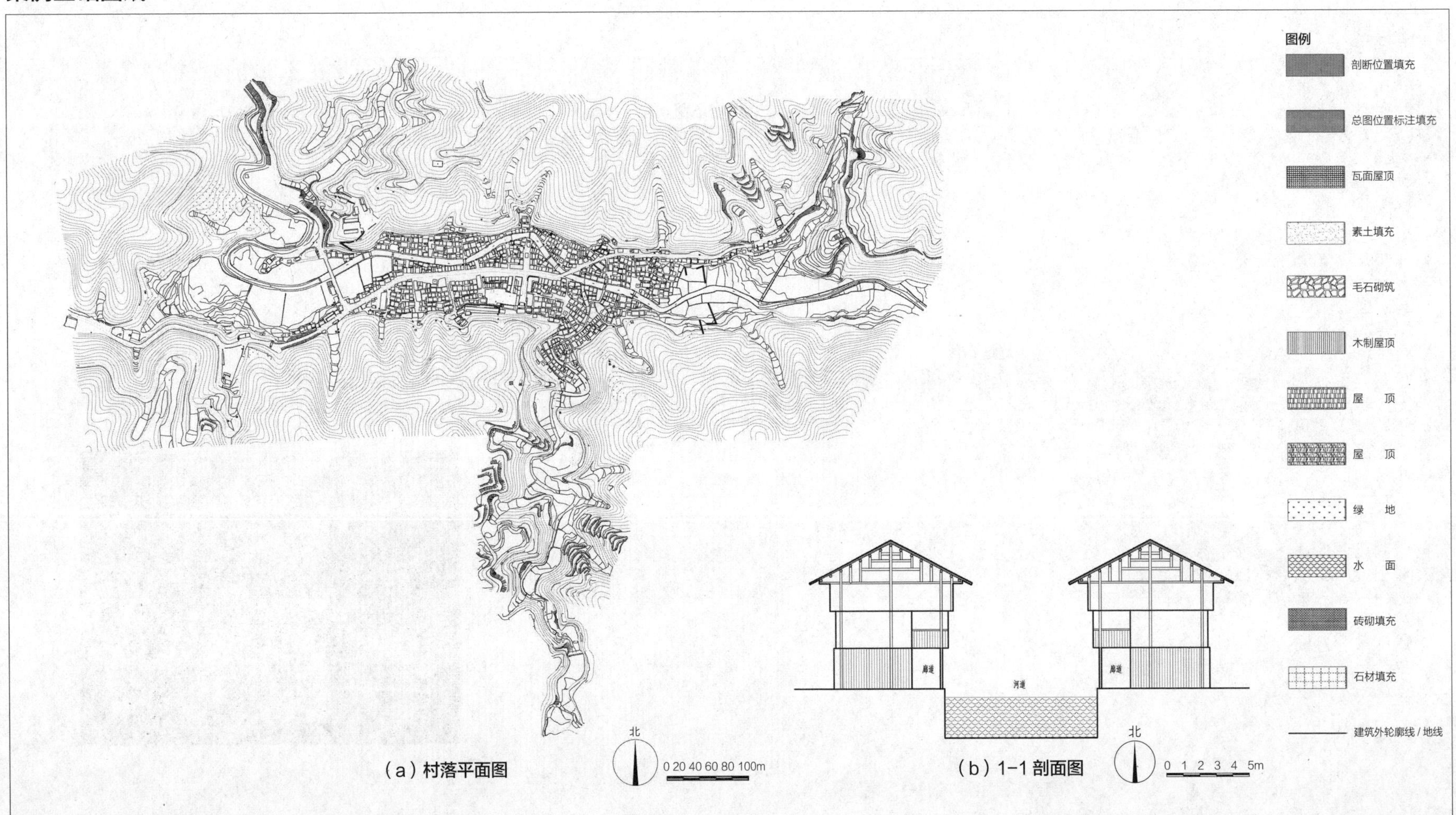

图 3.2-2 贵州黔东南苗族侗族自治州黎平县肇兴侗寨基础图纸

第 4 章

节材与材料利用

4.1　就地取材

宁夏西海固土坯房

基本信息

- 分布：宁夏回族自治区西海固地区
- 民族：回族、汉族
- 材料：土坯、砖、木材、芦苇、草泥
- 结构：土构

环境条件

- 水资源匮乏，水土流失严重；
- 气温高，年较差、日较差大；
- 日照强烈；
- 降水量小且分布不均，蒸发量大；
- 多风沙。

绿色经验

- 建筑基础采用素土夯实加土坯砖砌筑，以防止雨水侵蚀；
- 建筑外围护结构采用土坯墙，以利用其良好的保温隔热性能抵抗外部气候的不利影响；
- 屋顶设计多采用平顶或坡度极小的单坡顶形式，以减小表面积，节省材料。

设计建议

- 材料选择和围护结构设计方面，建议采用耐久性好、易维护的建筑材料，优化建筑围护结构的热工性能。

绿色设计原理

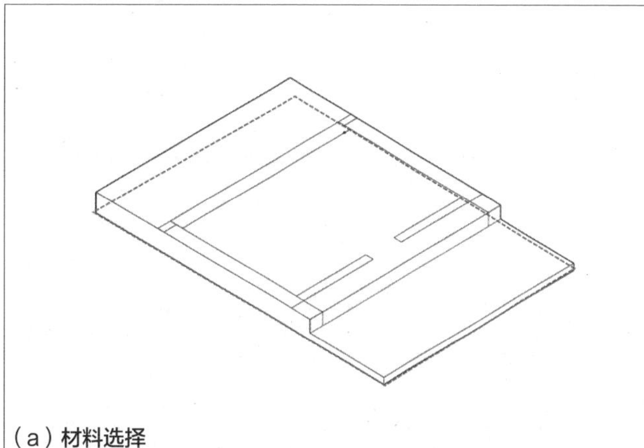

（a）**材料选择**
建筑基础采用素土夯实加土坯砖砌筑

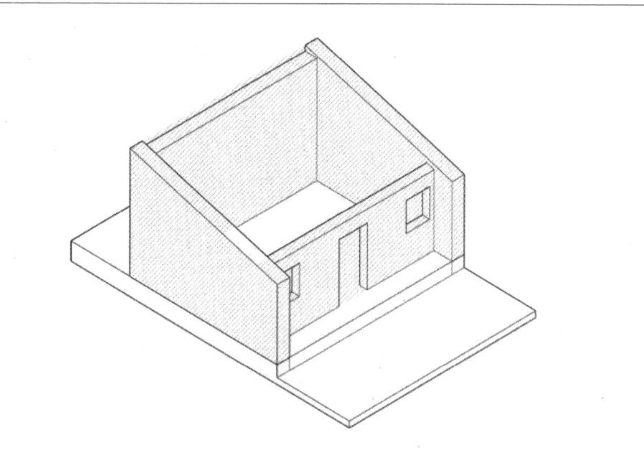

（b）**围护结构**
建筑外围护结构采用土坯墙

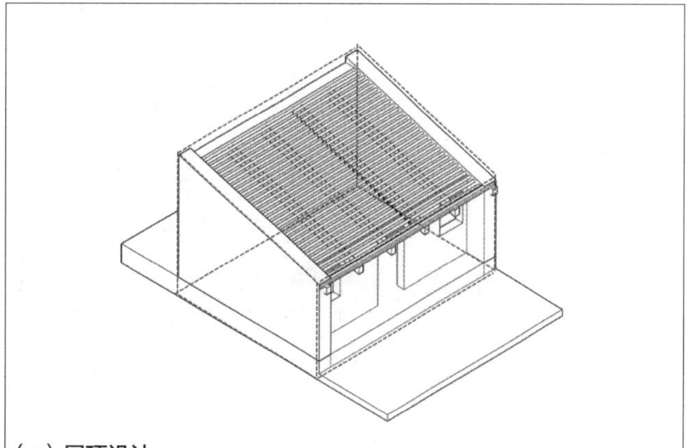

（c）**屋顶设计**
屋顶设计多采用平顶或坡度极小的单坡顶形式

（d）**案例照片**

图 4.1-1　宁夏西海固土坯房绿色设计原理分析

宁夏西海固土坯房

案例基础图纸

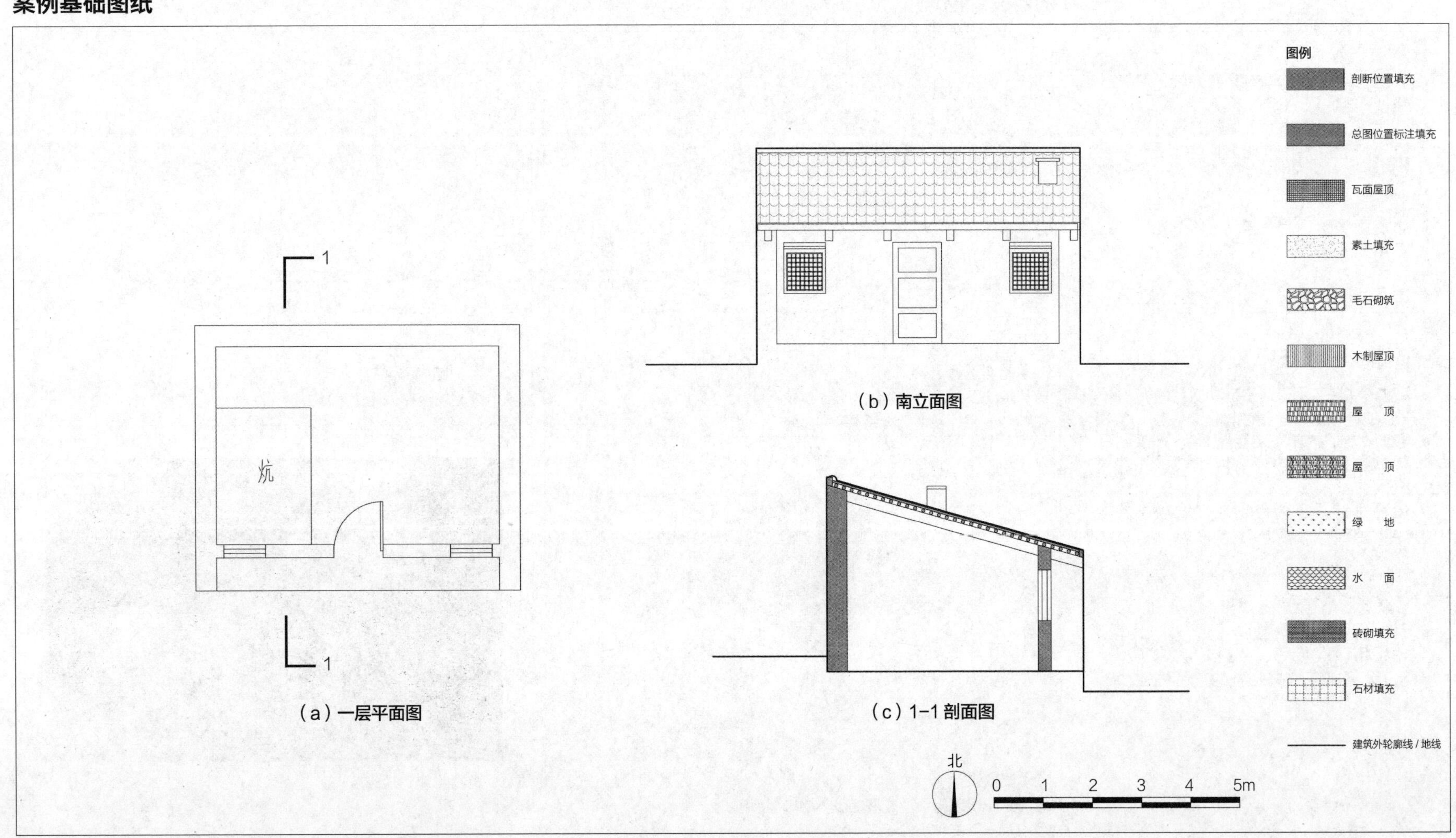

图 4.1-2 宁夏中卫市海原县李俊乡红星村杨宅基础图纸

云南傈僳族干栏式民居

基本信息

- 分布：云南省怒江流域
- 民族：傈僳族、怒族、独龙族等
- 材料：木材、篾笆、茅草
- 结构：木构

环境条件

- 山地坡度大，可利用平地少；
- 粗大木材匮乏。

绿色经验

- 建筑单体多采用简单规整的形式，以减小表面积，节省材料；
- 建筑基础采用不同高度的木柱密集排列，调整平面，以减少土方量，提升结构承载力，并防止雨水侵蚀；
- 建筑外围护结构和承重结构采用不同类型和尺寸的木材，以充分利用其特性。

设计建议

- 竖向设计方面，建议结合自然地形进行建筑布局，以减少土方量；
- 空间组织和构造设计方面，建议采用符合工业化建造要求的结构体系与建筑构件，以提升建筑的适变性，并节约材料；
- 材料选择和围护结构设计方面，建议采用耐久性好、易维护的建筑材料，优化建筑围护结构的热工性能。

绿色设计原理

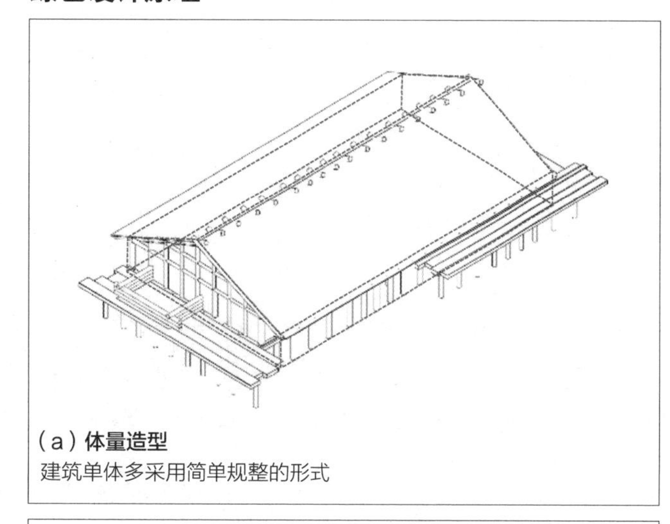

（a）**体量造型**
建筑单体多采用简单规整的形式

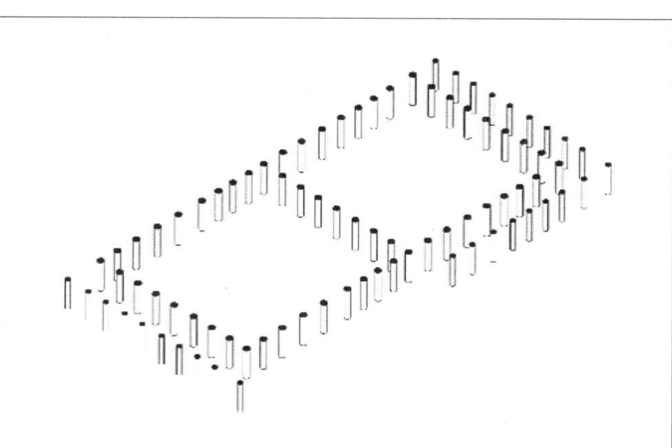

（b）**建筑基础**
建筑基础采用不同高度的木柱密集排列

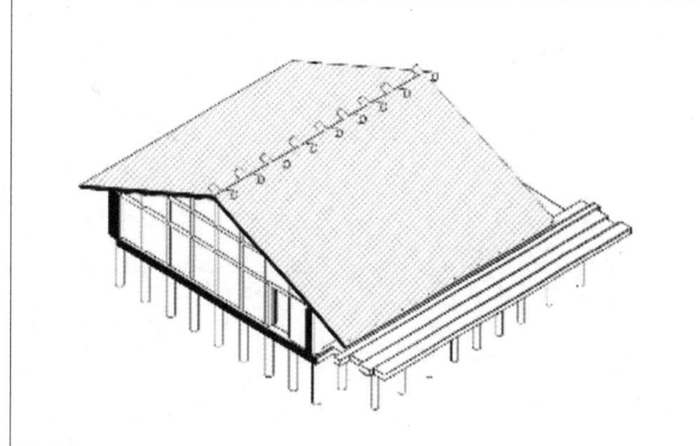

（c）**材料选择**
建筑外围护结构和承重结构采用不同类型和尺寸的木材

（d）**案例照片**

图 4.1-3　云南傈僳族干栏式民居绿色设计原理分析

云南傈僳族干栏式民居

案例基础图纸

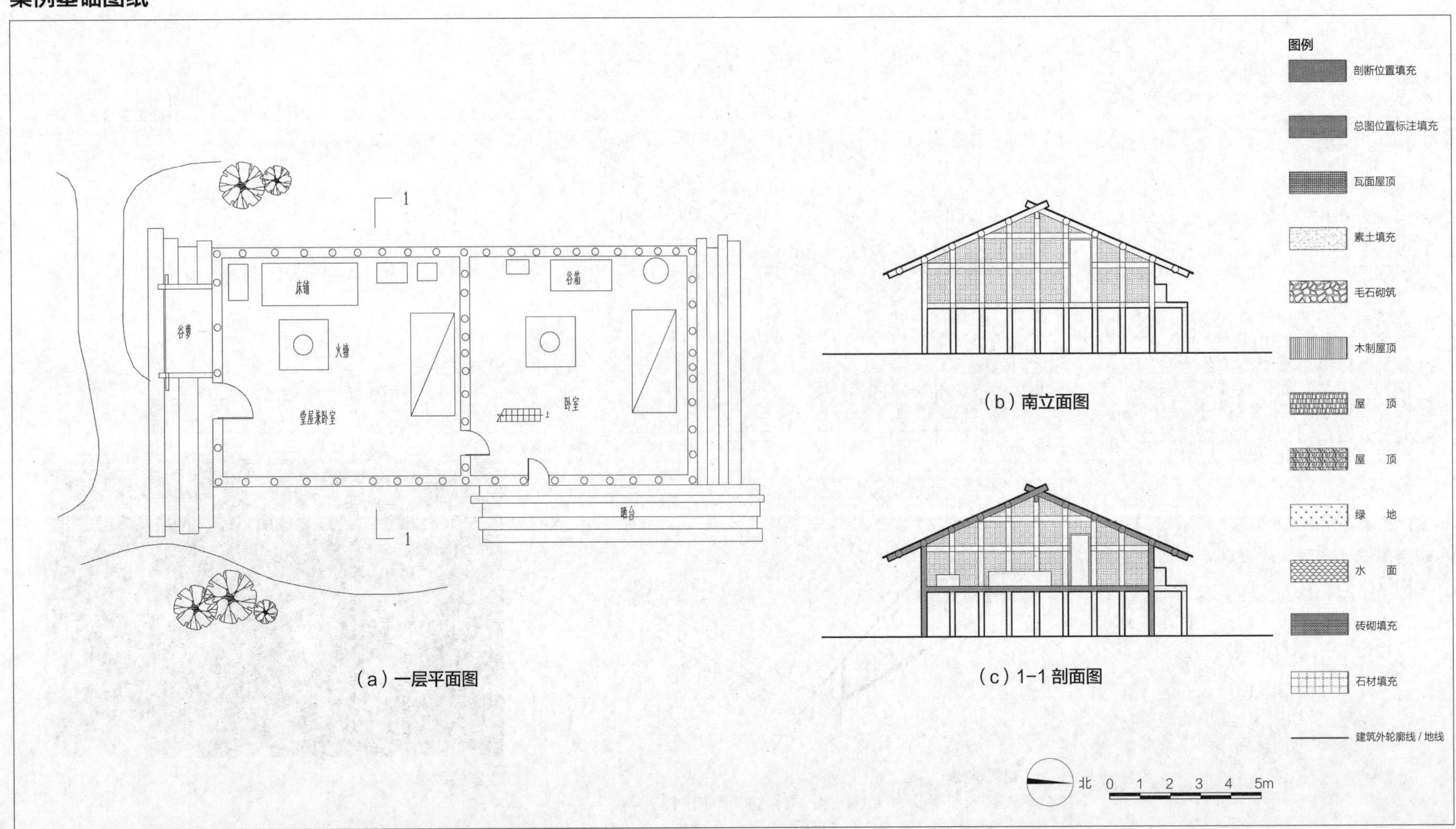

（a）一层平面图

（b）南立面图

（c）1-1 剖面图

图 4.1-4　云南怒江傈僳族自治州福贡县腊土底寨德宅基础图纸

云南怒族木楞房

基本信息

- 分布：云南省怒江傈僳族自治州贡山独龙族怒族自治县
- 民族：独龙族、怒族
- 材料：木材、竹席、茅草
- 结构：木构

环境条件

- 山地坡度大，可利用平地少；
- 气温日较差大。

绿色经验

- 建筑外围护结构和承重结构采用场地周边木材，以降低运输成本；
- 建筑结构采用井干和干栏式相结合，以适应地形，获得不同高程的建筑和场地空间；
- 建筑结构和空间单元化，构件设计采用统一形式，以适应需求变化，降低建造难度并节省材料。

设计建议

- 空间组织和构造设计方面，建议采用符合工业化建造要求的结构体系与建筑构件，以提升建筑的适变性，并节约材料；
- 材料选择和围护结构设计方面，建议采用耐久性好、易维护的建筑材料，优化建筑围护结构的热工性能。

绿色设计原理

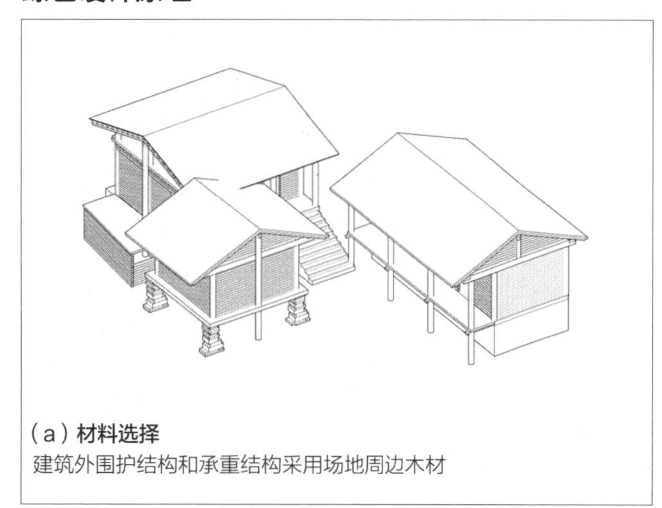

（a）**材料选择**
建筑外围护结构和承重结构采用场地周边木材

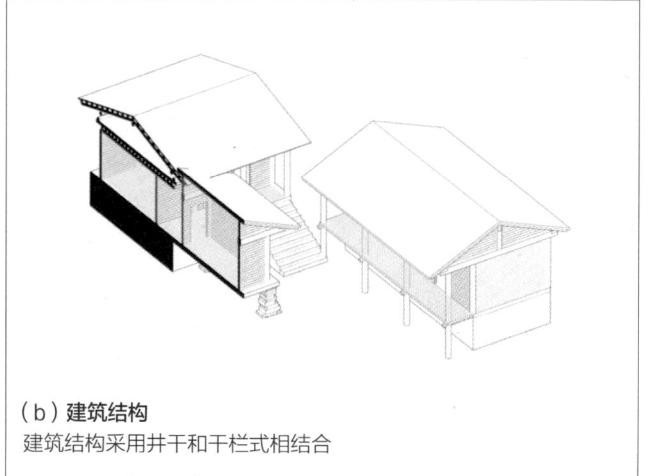

（b）**建筑结构**
建筑结构采用井干和干栏式相结合

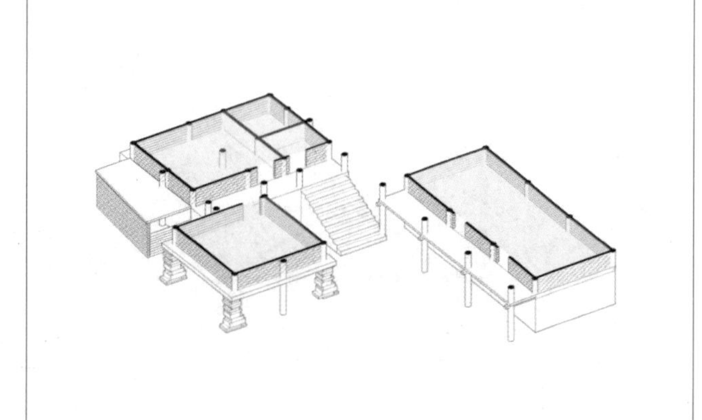

（c）**空间组织**
建筑结构和空间单元化

（d）**案例照片**

图 4.1-5　云南怒族木楞房绿色设计原理分析

云南怒族木楞房

案例基础图纸

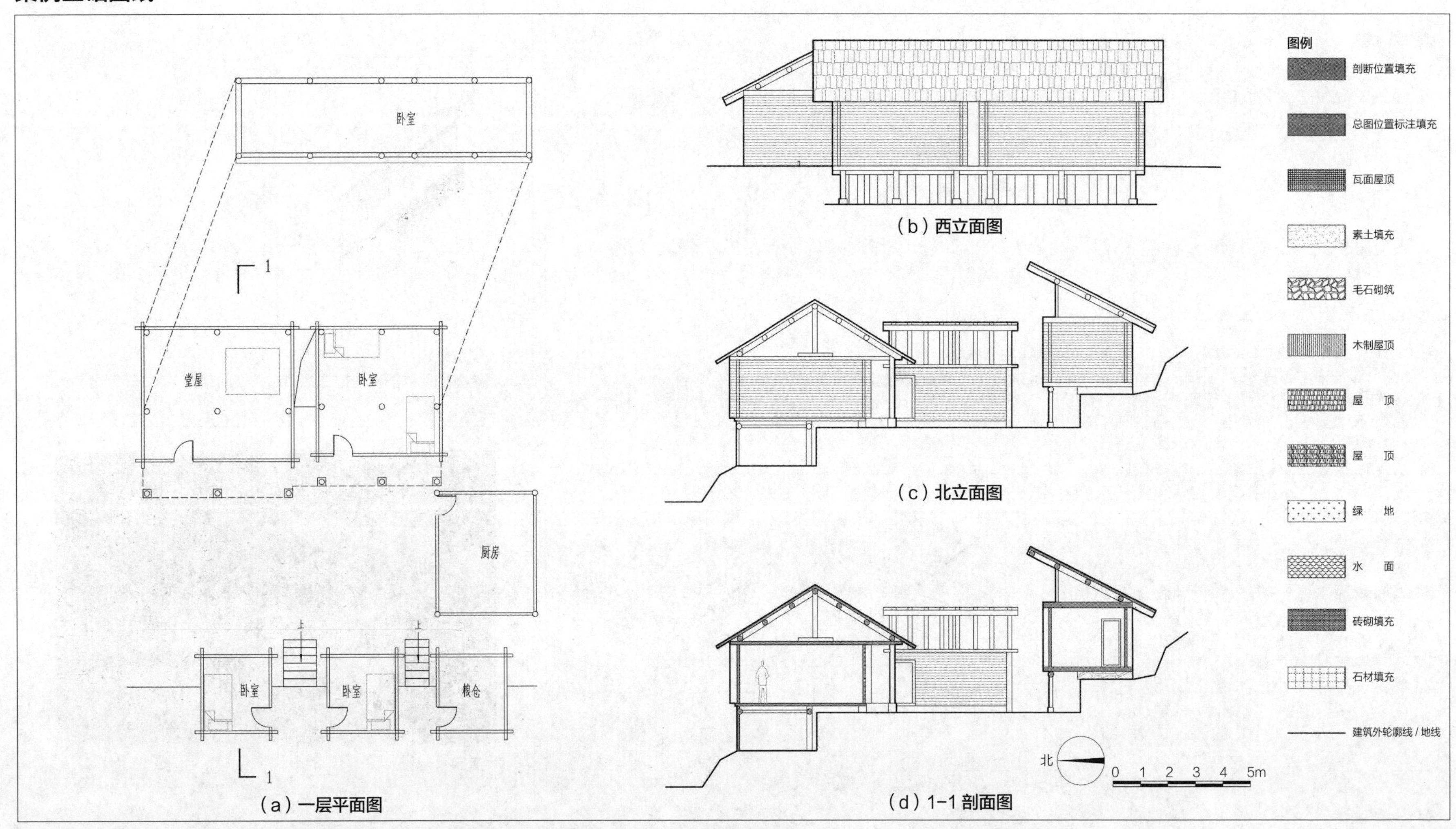

图 4.1-6　云南怒江傈僳族自治州贡山独龙族怒族自治县丙中洛镇秋那桶村伍里二组李宅基础图纸

云南藏族土掌房

绿色设计原理

基本信息

- 分布：云南省德钦县
- 民族：藏族
- 材料：石、土、木
- 结构：土木混合结构

环境条件

- 林木资源丰富；
- 气候温和。

绿色经验

- 建筑外围护结构和承重结构采用场地周边材料，以降低运输成本；
- 建筑基础采用石块砌筑，外围护结构采用夯土墙，并采用藏式梁柱构架，分层建造；
- 建筑单体多采用尺度较小、简单规整的形式，以减小表面积，节省材料。

设计建议

- 空间组织和构造设计方面，建议采用符合工业化建造要求的结构体系与建筑构件，以提升建筑的适变性，并节约材料；
- 材料选择和围护结构设计方面，建议采用耐久性好、易维护的建筑材料，优化建筑围护结构的热工性能。

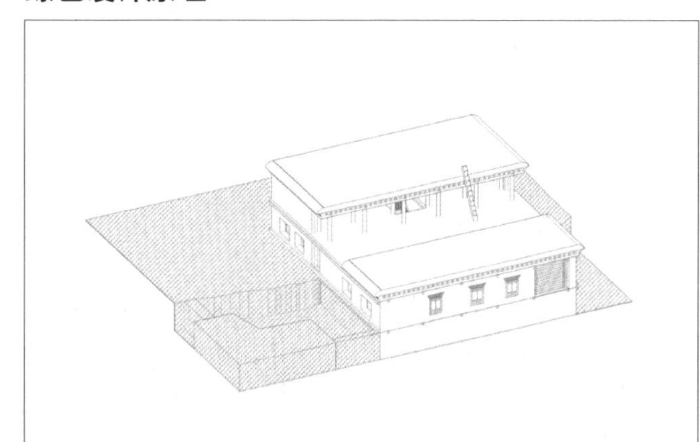

（a）**材料选择**
建筑外围护结构和承重结构采用场地周边材料

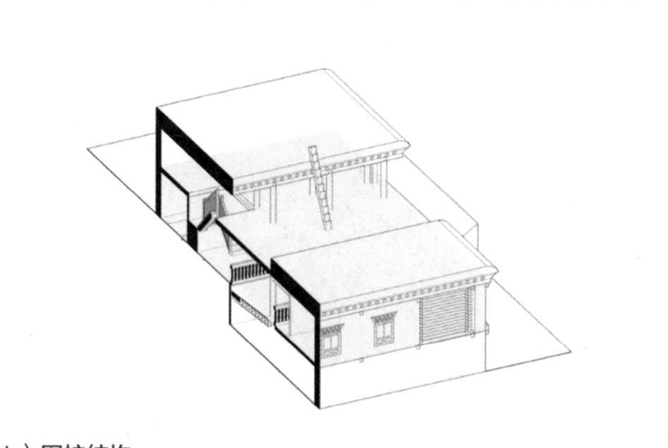

（b）**围护结构**
建筑基础采用石块砌筑，外围护结构采用夯土墙

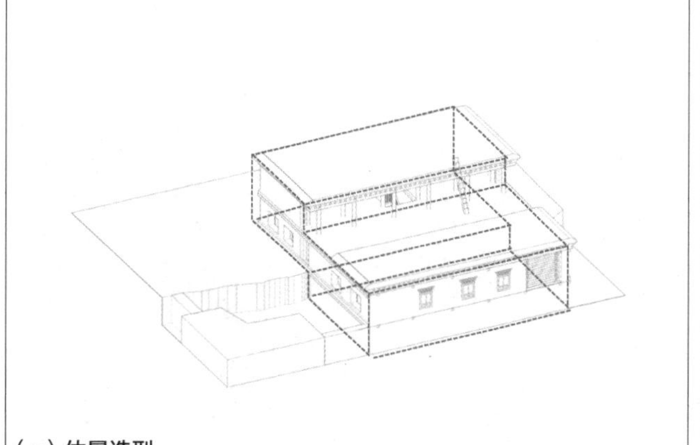

（c）**体量造型**
建筑单体多采用尺度较小、简单规整的形式

（d）**案例照片**

图 4.1-7　云南藏族土掌房绿色设计原理分析

云南藏族土掌房

案例基础图纸

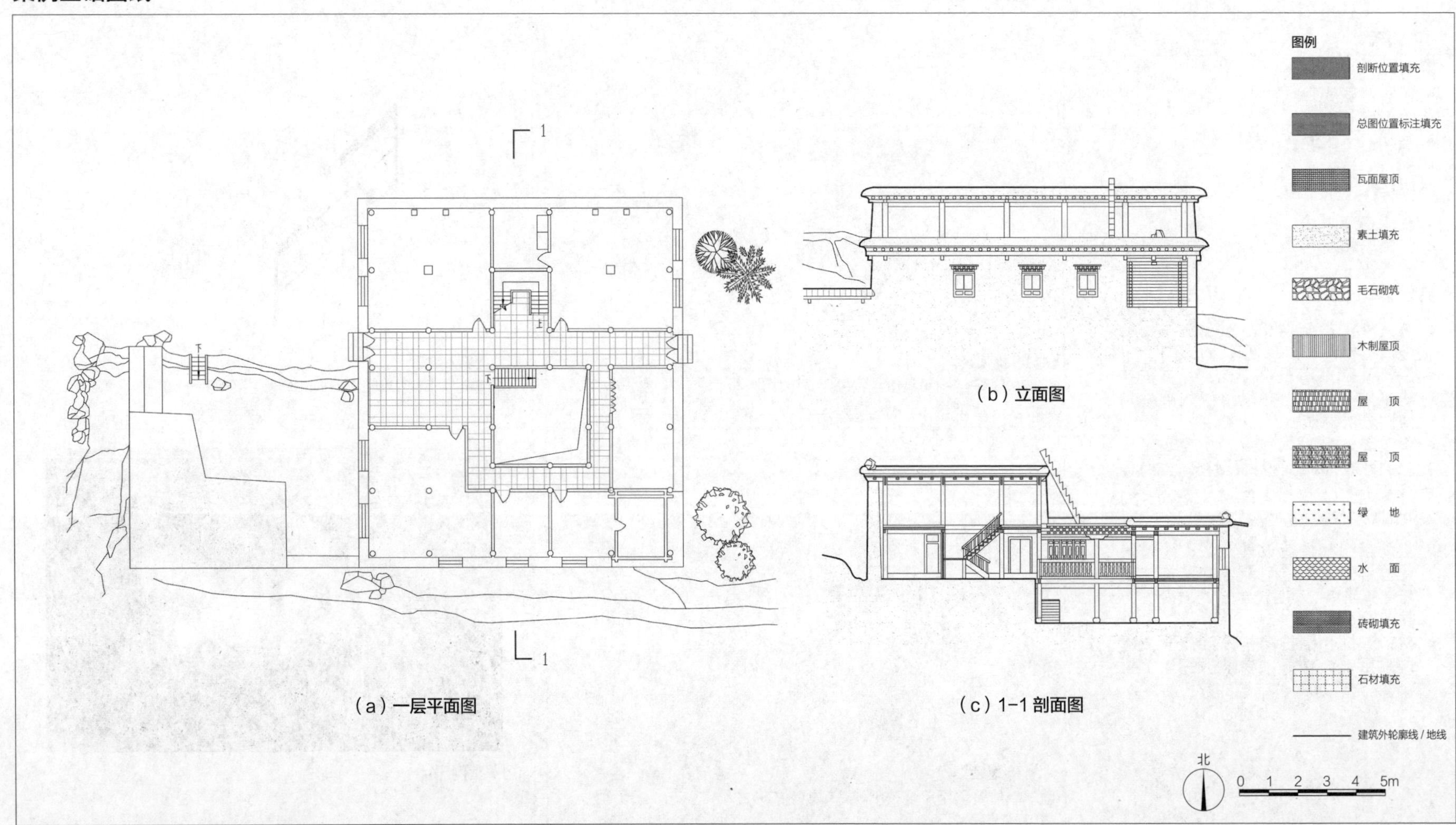

图 4.1-8 云南迪庆藏族自治州德钦县尼巴达村某宅基础图纸

云南藏族闪片房

基本信息

- 分布：云南省迪庆藏族自治州香格里拉
- 民族：藏族
- 材料：夯土、云杉木
- 结构：土木混合结构

环境条件

- 气候寒冷，气温日较差大；
- 日照强烈；
- 降水量大。

绿色经验

- 建筑单体多采用尺度较小、简单规整的形式，以减小表面积，节省材料；
- 建筑外围护结构和承重结构采用场地周边材料，以降低运输成本；
- 建筑外围护结构和承重结构采用不同类型和尺寸的木材，以充分利用其特性。

设计建议

- 材料选择和围护结构设计方面，建议采用耐久性好、易维护的建筑材料，优化建筑围护结构的热工性能。

绿色设计原理

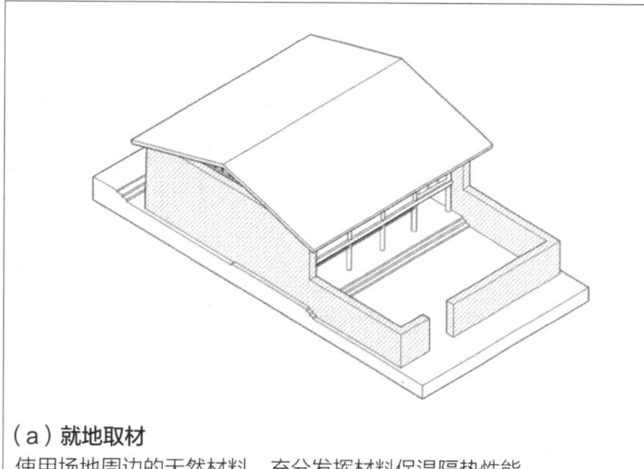

(a) 就地取材
使用场地周边的天然材料，充分发挥材料保温隔热性能

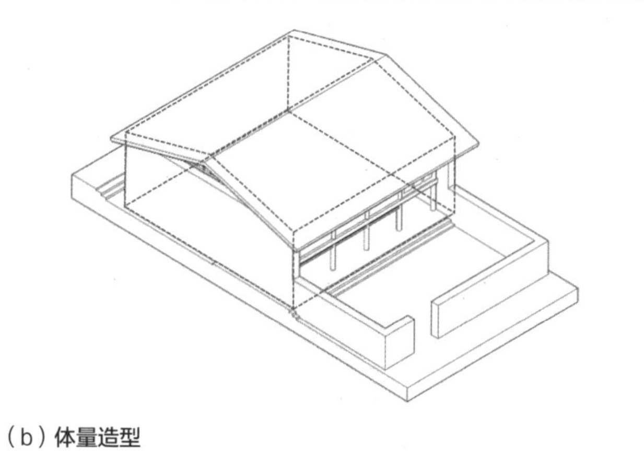

(b) 体量造型
形体规整，尺度较小

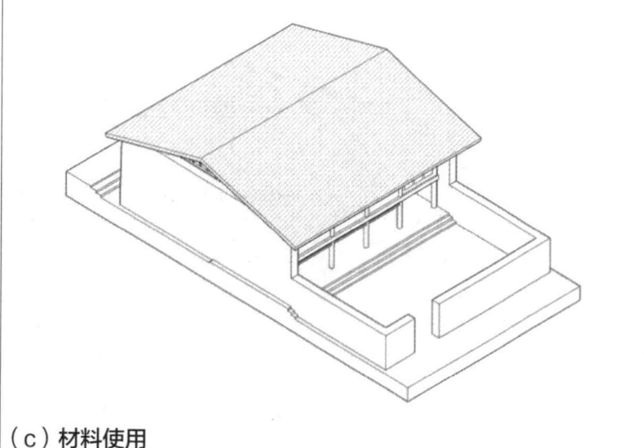

(c) 材料使用
利用不同材料和结构的特点，组合使用以满足建筑使用需求

(d) 案例照片

图 4.1-9　云南藏族闪片房绿色设计原理分析

云南藏族闪片房

案例基础图纸

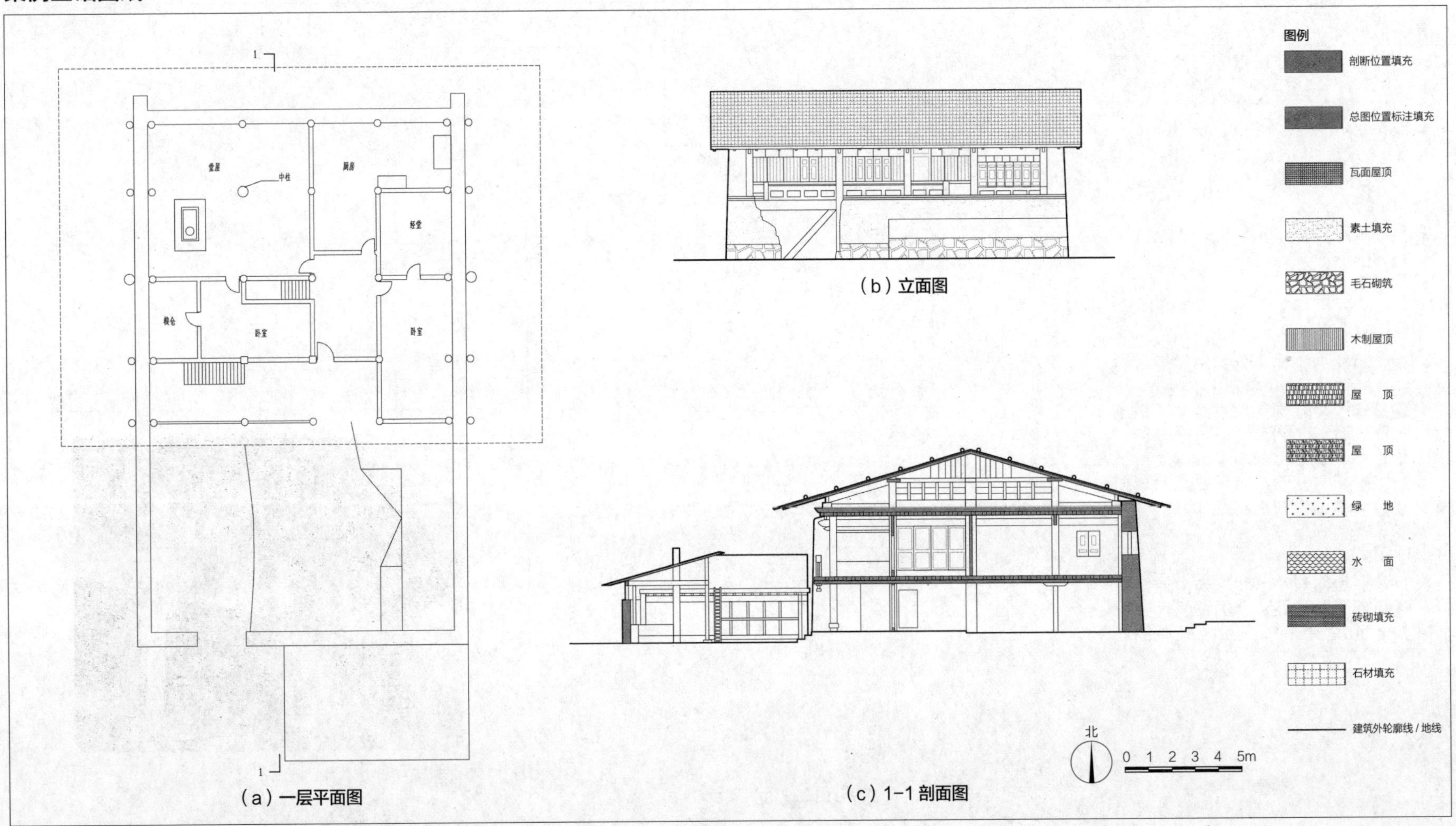

图 4.1–10　云南迪庆藏族自治州香格里拉地区某宅基础图纸

云南彝族土掌房

基本信息

- 分布：云南省哀牢山、红河流域和金沙江流域
- 民族：彝族
- 材料：土坯、木材、柴草
- 结构：土构

环境条件

- 山地坡度大，可利用平地少；
- 气候干热；
- 降水量小。

绿色经验

- 建筑外围护结构和承重结构采用场地周边材料，以降低运输成本；
- 建筑采用合理的结构和简单的施工方法，以节约成本，可以分期建造；
- 建筑单体多采用尺度较小、简单规整的形式，以减小表面积，节省材料。

设计建议

- 空间组织和构造设计方面，建议采用符合工业化建造要求的结构体系与建筑构件，以提升建筑的适应性，并节约材料；
- 材料选择和围护结构设计方面，建议采用耐久性好、易维护的建筑材料，优化建筑围护结构的热工性能。

绿色设计原理

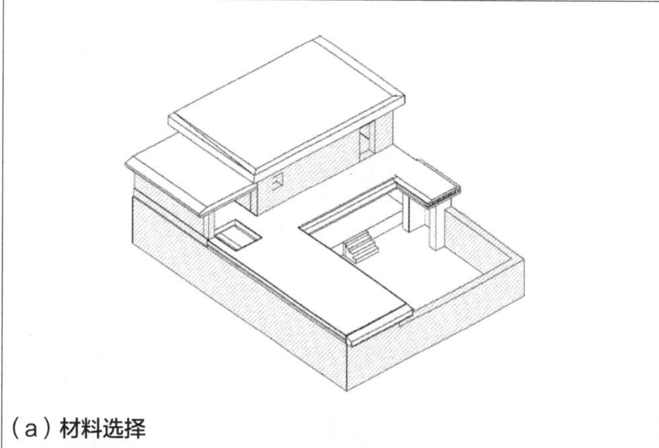

（a）**材料选择**
建筑外围护结构和承重结构采用场地周边材料

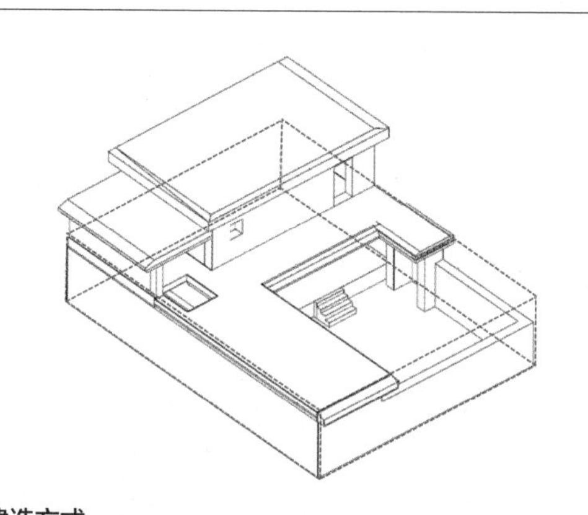

（b）**建造方式**
建筑采用合理的结构和简单的施工方法

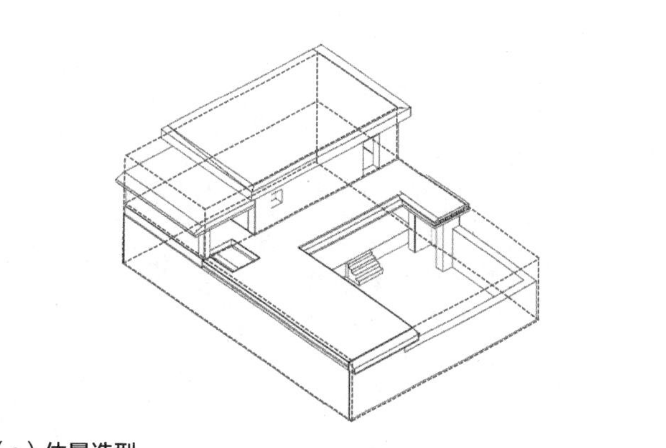

（c）**体量造型**
建筑单体多采用尺度较小、简单规整的形式

（d）**案例照片**

图 4.1-11　云南彝族土掌房绿色设计原理分析

云南彝族土掌房

案例基础图纸

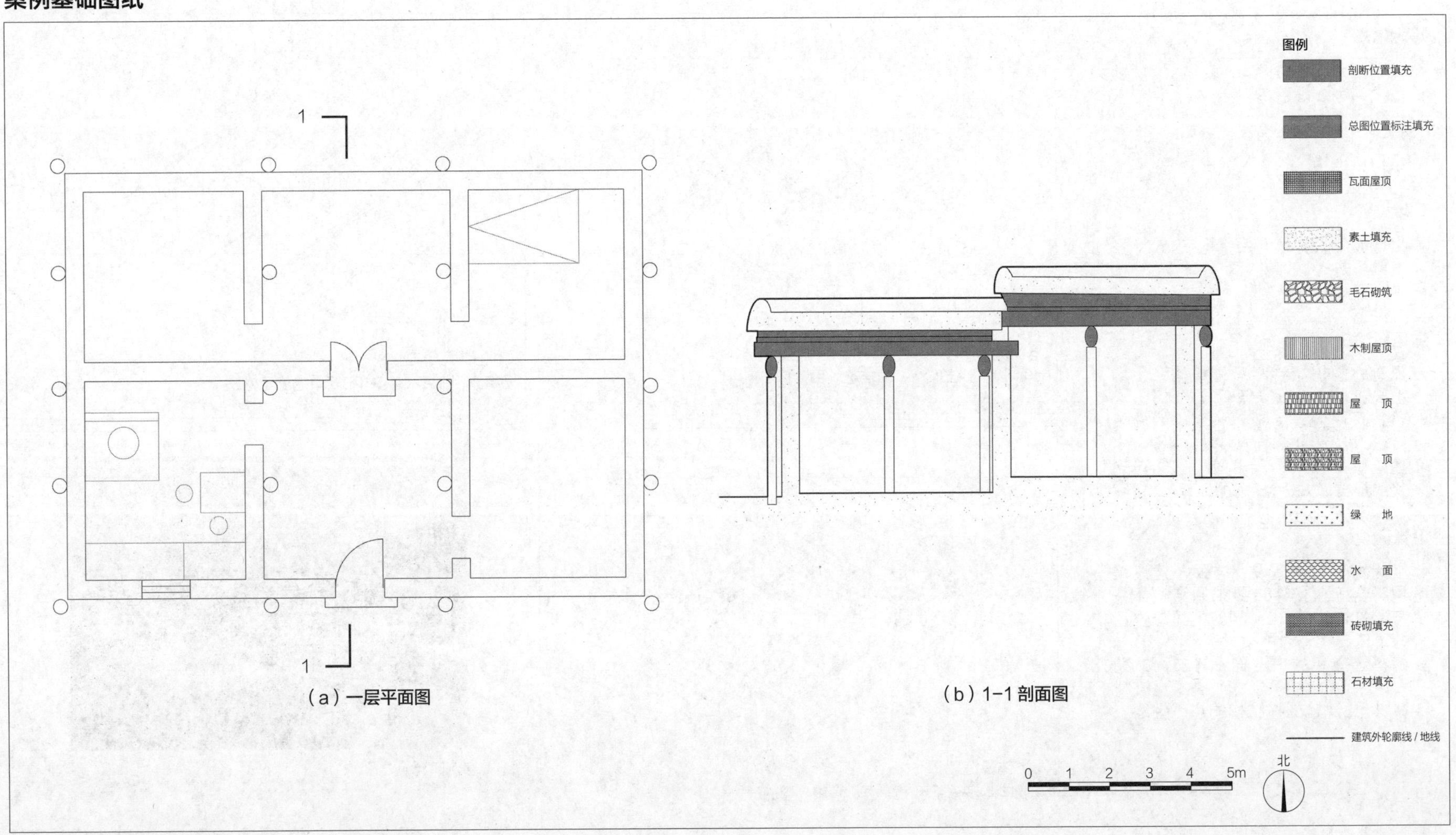

图 4.1-12 云南玉溪市新平县腰街某宅基础图纸

云南哈尼族蘑菇房

基本信息

- 分布：云南省红河哈尼族彝族自治州元阳、红河、绿春等县
- 民族：哈尼族
- 材料：土、木、草
- 结构：土木混合结构

环境条件

- 夏季气温高，日较差大；
- 降水量大。

绿色经验

- 建筑单体多采用尺度较小、简单规整的形式，以减小表面积，节省材料；
- 建筑采用合理的结构和简单的施工方法，以节约成本，并可以分期建造。

设计建议

- 空间组织和构造设计方面，建议采用符合工业化建造要求的结构体系与建筑构件，以提升建筑的适变性，并节约材料；
- 材料选择和围护结构设计方面，建议采用耐久性好、易维护的建筑材料，优化建筑围护结构的热工性能。

绿色设计原理

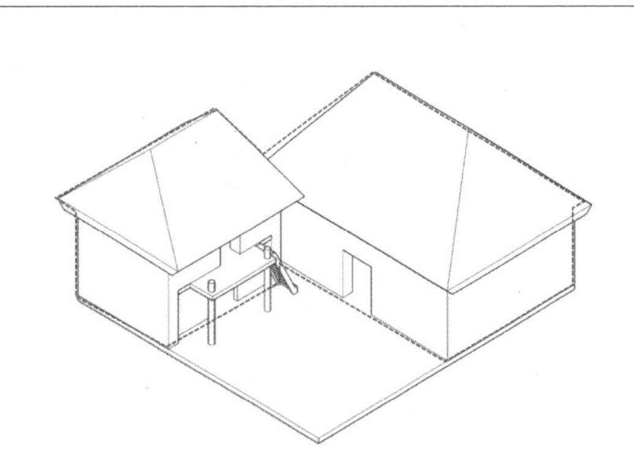

(a) 体量造型
建筑单体多采用尺度较小、简单规整的形式

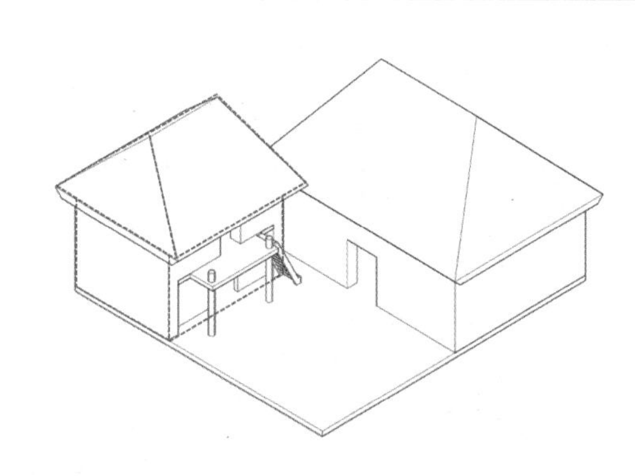

(b) 建造方式
建筑采用合理的结构和简单的施工方法

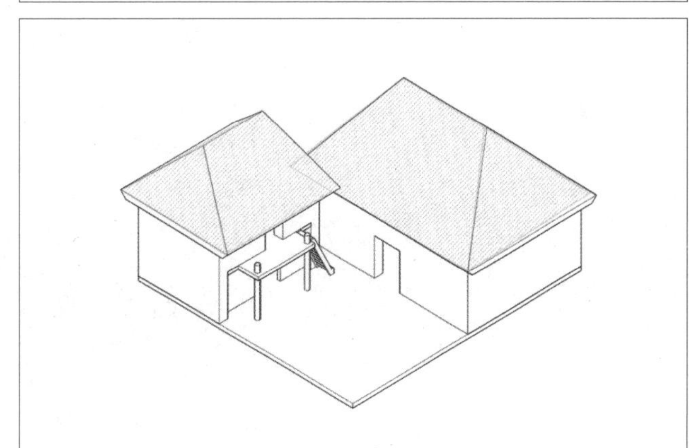

(c) 围护结构
屋顶设计在土掌房的基础上加盖蘑菇形屋顶

(d) 案例照片

图 4.1-13　云南哈尼族蘑菇房绿色设计原理分析

云南哈尼族蘑菇房

案例基础图纸

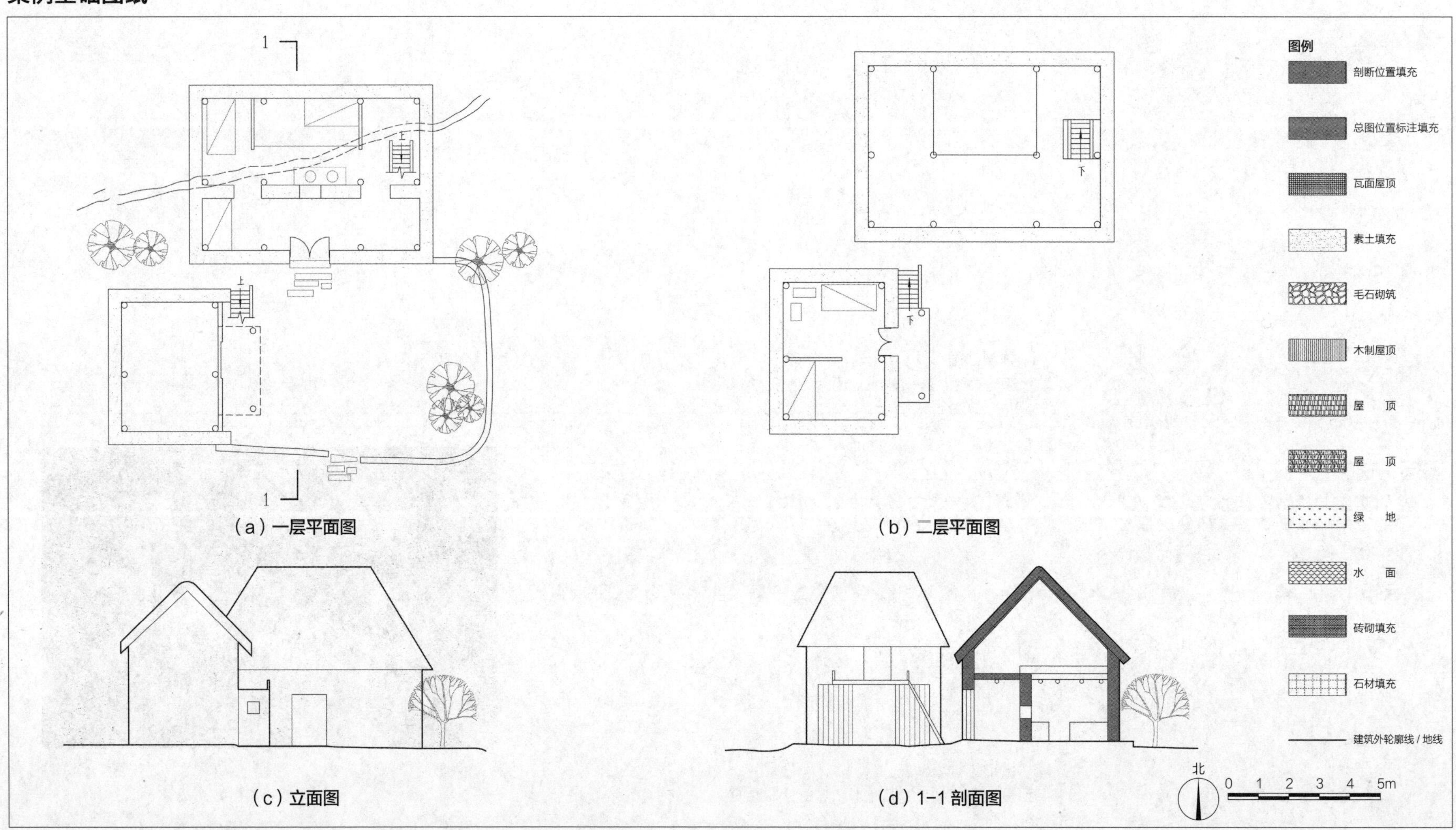

图 4.1-14 云南红河哈尼族彝族自治州元阳县新街道箐口村某宅基础图纸

贵州南侗干栏式民居

基本信息

- 分布：贵州省黔东南苗族侗族自治州黎平、从江、榕江等县
- 民族：侗族
- 材料：木材、青瓦
- 结构：木构

环境条件

- 地形起伏大，可利用平地少；
- 水热条件优越，适宜林木生长；
- 夏季气候湿热；
- 日照强烈。

绿色经验

- 建筑单体多采用尺度较小、简单规整的形式，以减小表面积，节省材料；
- 建筑外围护结构和承重结构采用不同类型和尺寸的木材，以充分利用其特性；
- 建筑结构和空间单元化，可以通过复制获得不同的开间宽度，以适应需求变化。

设计建议

- 空间组织和构造设计方面，建议采用符合工业化建造要求的结构体系与建筑构件，以提升建筑的适变性，并节约材料；
- 材料选择和围护结构设计方面，建议采用耐久性好、易维护的建筑材料，优化建筑围护结构的热工性能。

绿色设计原理

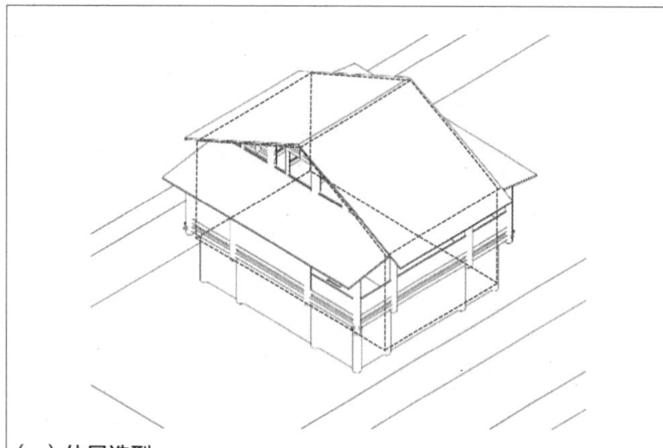

（a）**体量造型**
建筑单体多采用尺度较小、简单规整的形式

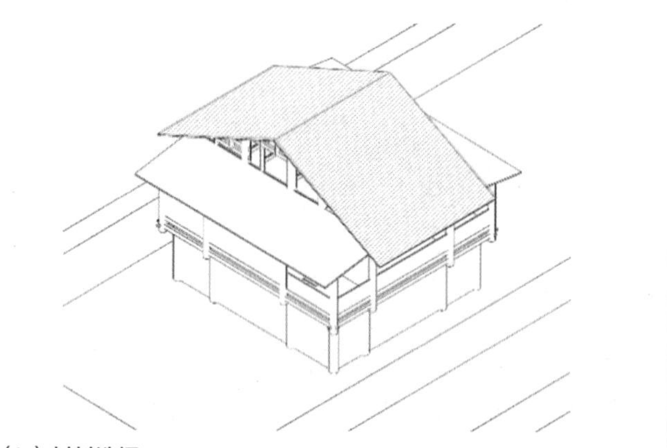

（b）**材料选择**
建筑外围护结构和承重结构采用不同类型和尺寸的木材

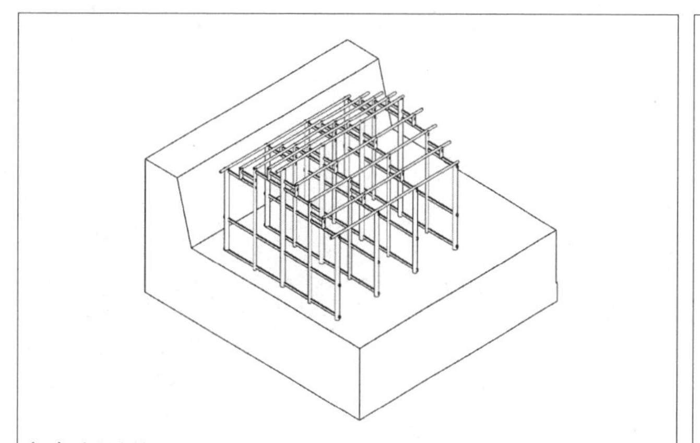

（c）**空间组织**
建筑结构和空间单元化

（d）**案例照片**

图 4.1-15　贵州南侗干栏式民居绿色设计原理分析

贵州南侗干栏式民居

案例基础图纸

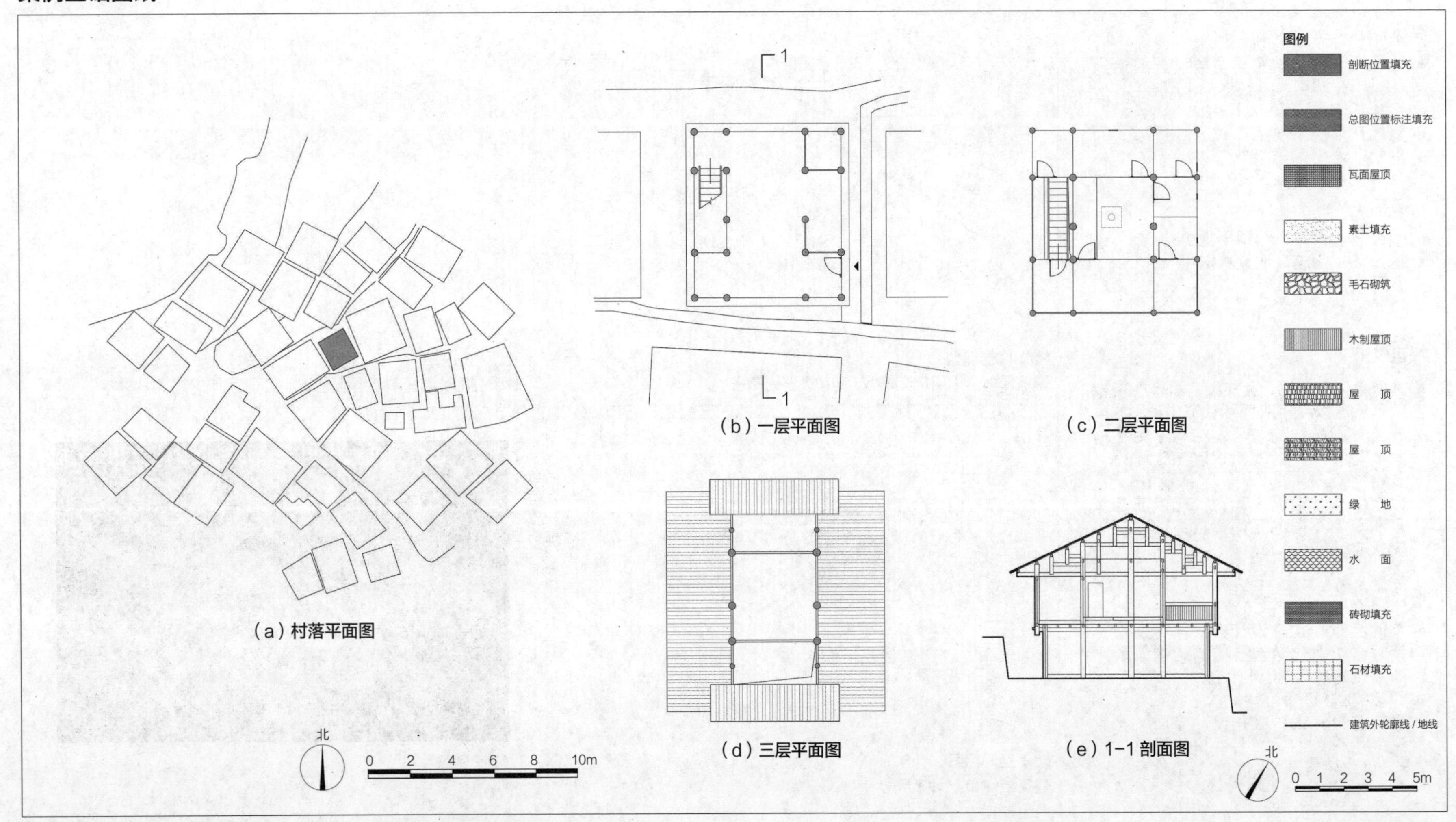

图 4.1-16　贵州黔东南苗族侗族自治州从江县小黄村潘宅基础图纸

贵州布依族石板房

基本信息

- 分布：贵州省安顺市、镇宁布依族苗族自治县等地
- 民族：布依族、汉族
- 材料：石材、木材
- 结构：木构

环境条件

- 地形复杂，交通不便；
- 植被较少；
- 气候温和；
- 降水量大。

绿色经验

- 建筑选址多利用山地、台地等较难耕种的土地进行建设，并直接以石材开采区作为建筑基地，以节约用地，减少土方量；
- 建筑外围护结构和承重结构采用场地周边石材，以降低运输成本；
- 建筑单体多采用尺度较小、简单规整的形式，以减小表面积，节省材料。

设计建议

- 材料选择和围护结构设计方面，建议采用耐久性好、易维护的建筑材料，优化建筑围护结构的热工性能。

绿色设计原理

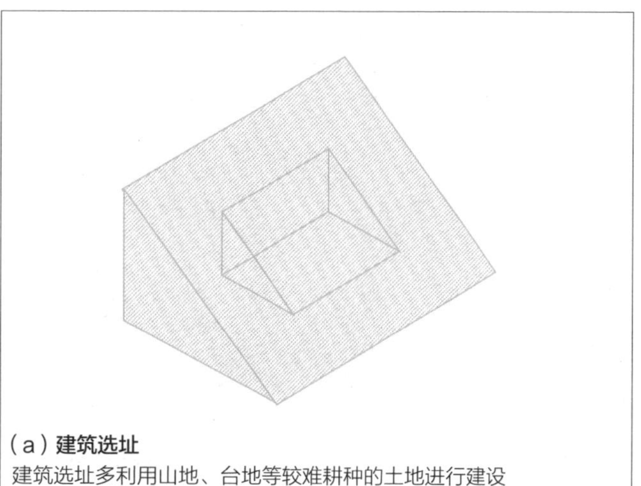

（a）**建筑选址**
建筑选址多利用山地、台地等较难耕种的土地进行建设

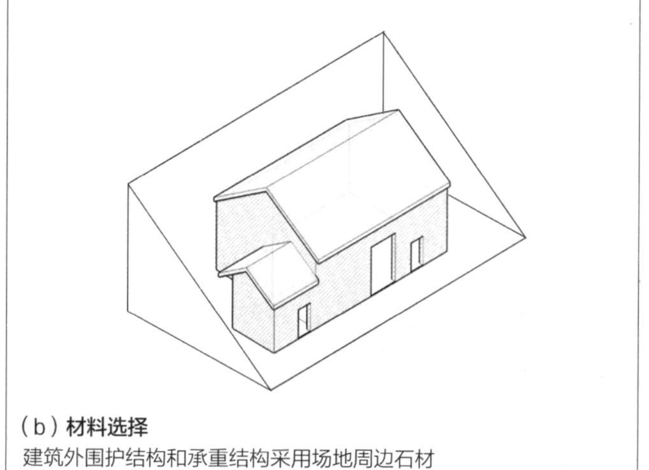

（b）**材料选择**
建筑外围护结构和承重结构采用场地周边石材

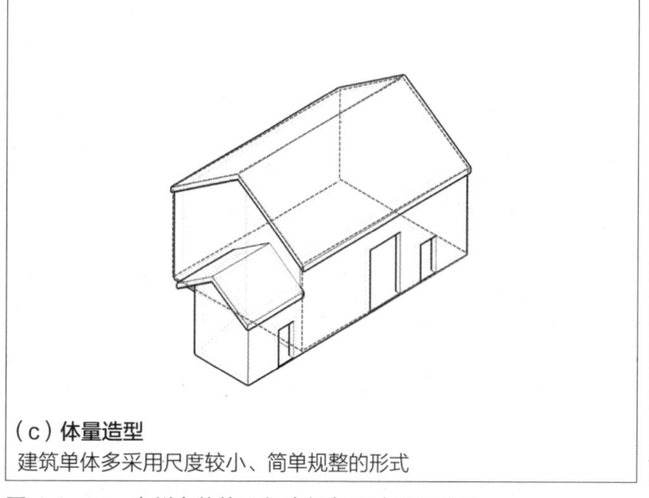

（c）**体量造型**
建筑单体多采用尺度较小、简单规整的形式

（d）**案例照片**

图 4.1-17　贵州布依族石板房绿色设计原理分析

贵州布依族石板房

案例基础图纸

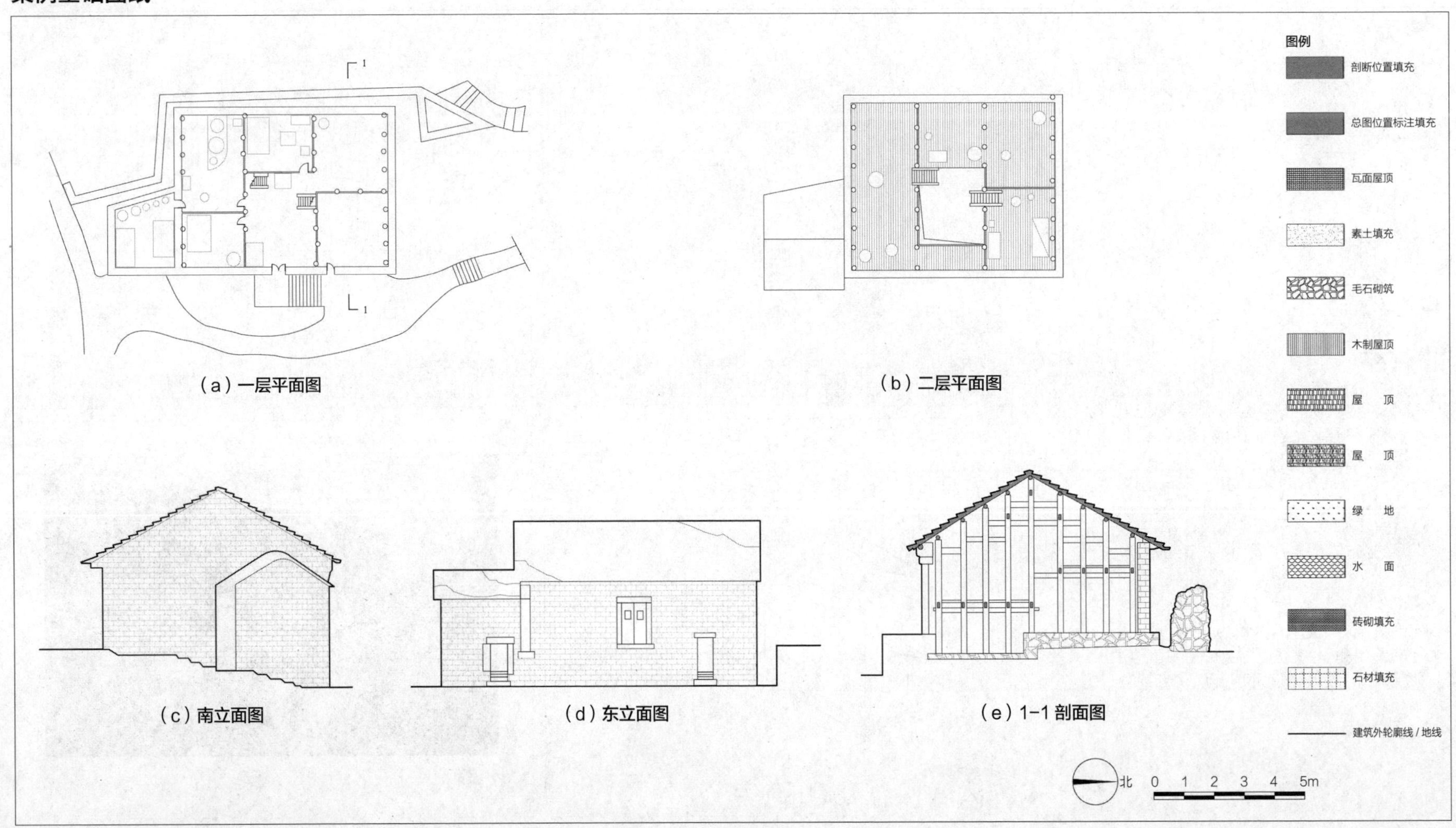

图 4.1-18　贵州安顺市滑石哨寨伍宅基础图纸

西藏错高石墙干栏式民居

基本信息

- 分布：西藏自治区林芝地区工布江达县错高村
- 民族：藏族
- 材料：木、石、草泥
- 结构：石木混合结构

环境条件

- 石材、木材充足；
- 气候湿润，降水集中。

绿色经验

- 建筑单体多采用简单规整的形式和紧凑的平面布局，以减小表面积，节省材料；
- 建筑结构采用干栏式木架结构，以获得相对大跨度的使用空间。

设计建议

- 材料选择和围护结构设计方面，建议采用耐久性好、易维护的建筑材料,优化建筑围护结构的热工性能。

绿色设计原理

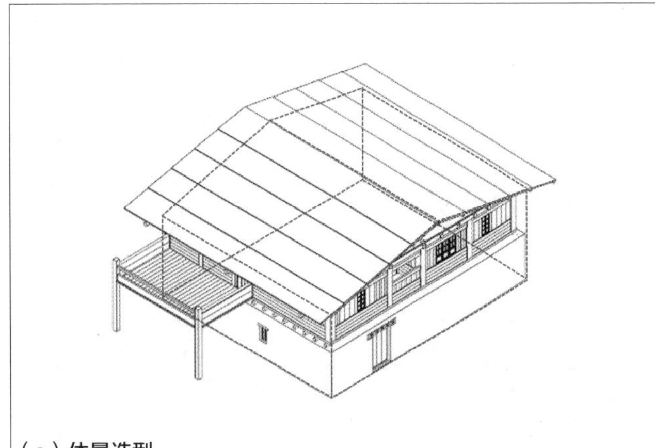

（a）**体量造型**
建筑单体多采用简单规整的形式和紧凑的平面布局

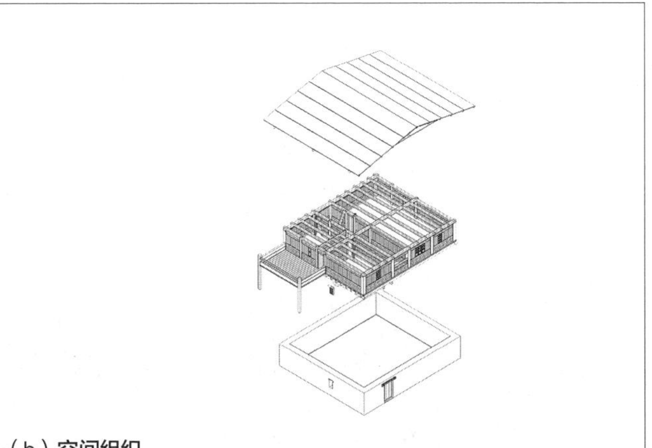

（b）**空间组织**
建筑结构采用干栏式木架结构，以获得相对大跨度的空间

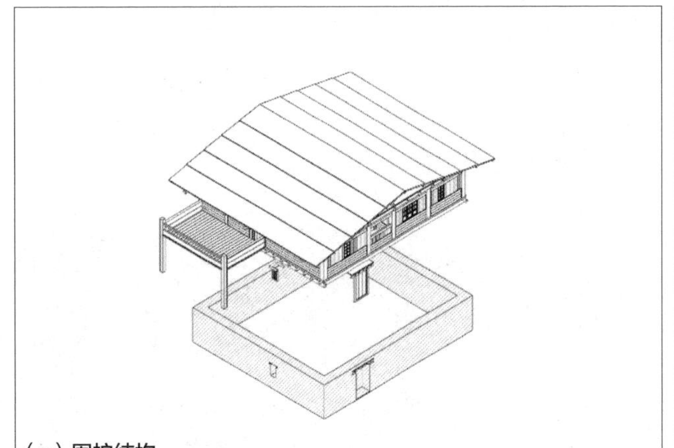

（c）**围护结构**
底层外围护结构采用厚重的石砌墙体

（d）**案例照片**

图 4.1-19　西藏错高石墙干栏式民居绿色设计原理分析

西藏错高石墙干栏式民居

案例基础图纸

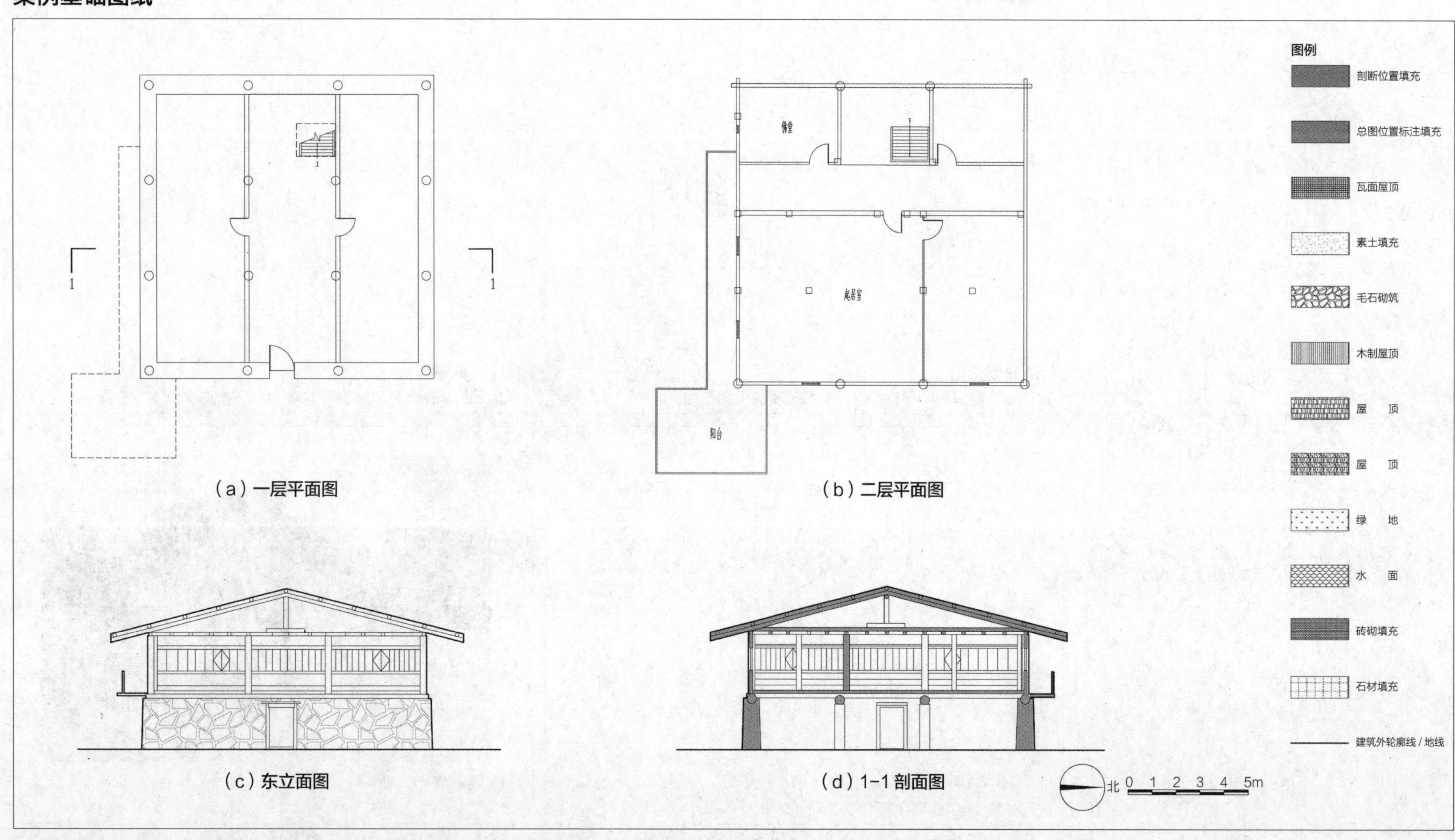

图 4.1-20　西藏林芝市工布江达县错高乡错高村扎西次旦家基础图纸

4.2　材料循环利用

内蒙古蒙古包

基本信息

- 分布：内蒙古自治区阿拉善盟、巴彦淖尔市、鄂尔多斯市、乌兰察布市、锡林郭勒盟、赤峰市、呼伦贝尔市等地
- 民族：蒙古族
- 材料：木材、羊毛、马鬃尾、骆驼皮、牛皮
- 结构：木构

环境条件

- 游牧生活方式要求居住建筑具有可移动性；
- 林木资源丰富；
- 气温日较差大。

绿色经验

- 建筑采用木架构支撑和绳索连接，以实现可移动性并节约材料；
- 建筑顶部架设天窗，以满足基本采光需求；
- 建筑外表皮铺设可循环利用的毛毡，以抵抗寒冷并防御风沙。

设计建议

- 材料选择方面，建议合理选用可再循环材料；
- 空间组织和构造设计方面，建议采用符合工业化建造要求的结构体系与建筑构件，以提升建筑的适变性，并节约材料。

绿色设计原理

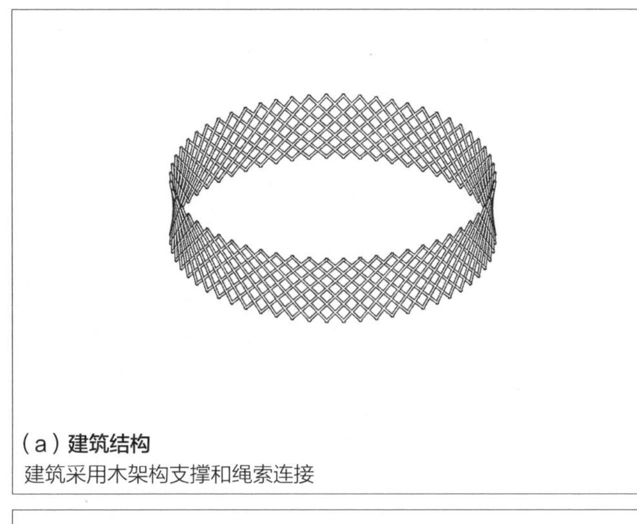

（a）**建筑结构**
建筑采用木架构支撑和绳索连接

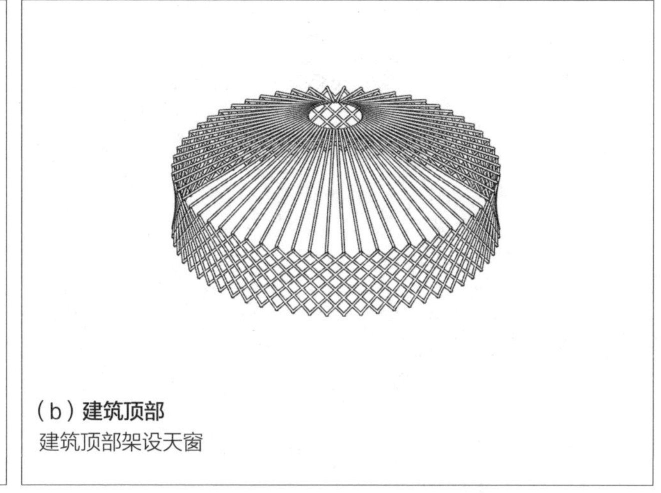

（b）**建筑顶部**
建筑顶部架设天窗

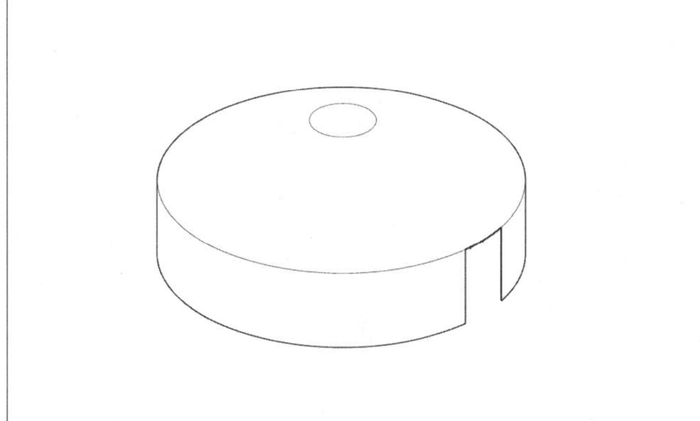

（c）**围护结构**
建筑外表皮铺设可循环利用的毛毡

（d）**案例照片**

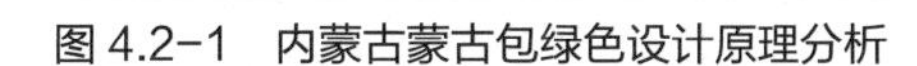

图 4.2-1　内蒙古蒙古包绿色设计原理分析

内蒙古蒙古包

案例基础图纸

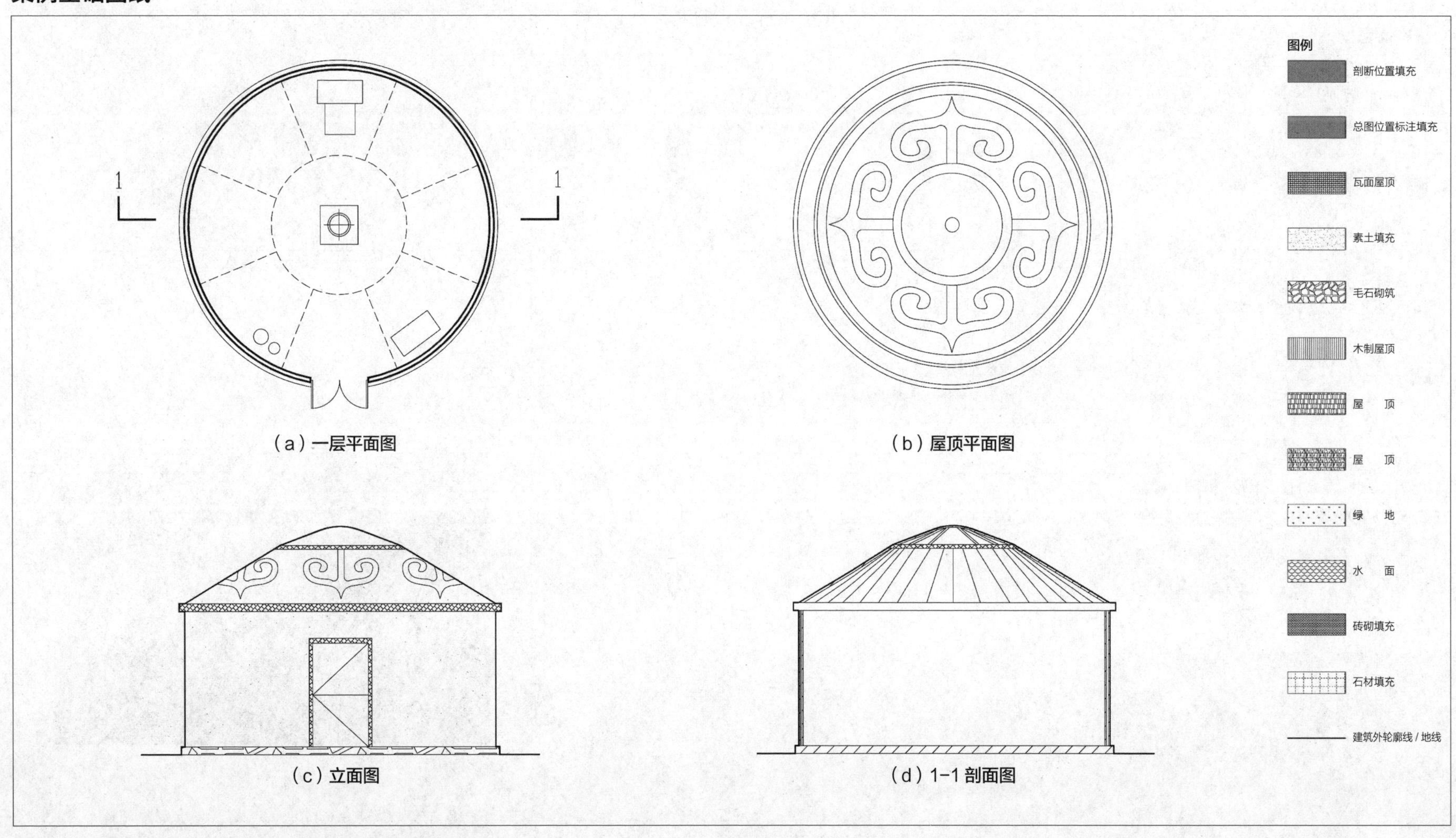

图 4.2-2　内蒙古呼伦贝尔市新巴尔虎左旗蒙古包基础图纸

第 5 章

室内环境与舒适

5.1　空间比例改善室内采光

甘肃陇中夯土围墙合院

基本信息

- 分布：甘肃省陇中地区
- 民族：汉族
- 材料：土坯、青砖、木材等
- 结构：土木混合结构

环境条件

- 气候寒冷，气温日较差大；
- 日照时间长；
- 降水量小，蒸发量大；
- 多风沙。

绿色经验

- 主体建筑多坐北朝南，以适应高寒气候，并充分利用天然光；
- 院落面宽－进深比一般较大，以减少建筑自遮挡，改善室内采光；
- 建筑南立面多增大开窗面积，以最大限度获得天然光。

设计建议

- 场地布局和空间组织方面，建议优化建筑形体和空间比例，以改善室内采光；
- 围护结构设计方面，建议优化窗墙比，以充分利用天然光。

绿色设计原理

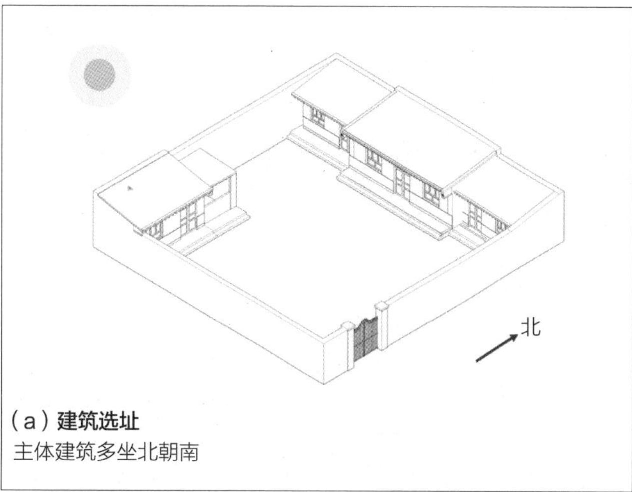

（a）建筑选址
主体建筑多坐北朝南

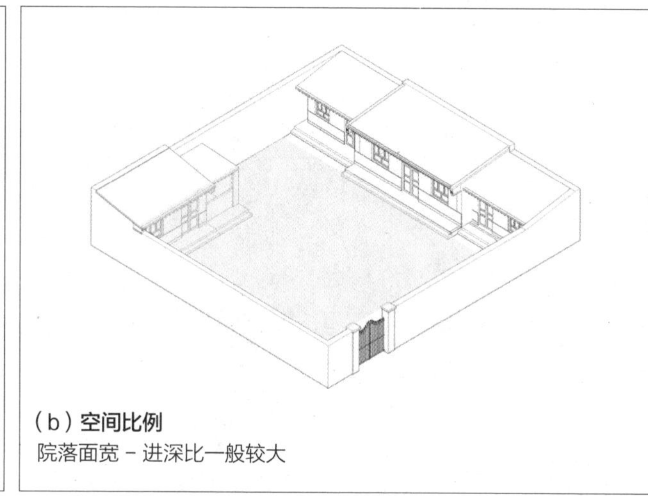

（b）空间比例
院落面宽－进深比一般较大

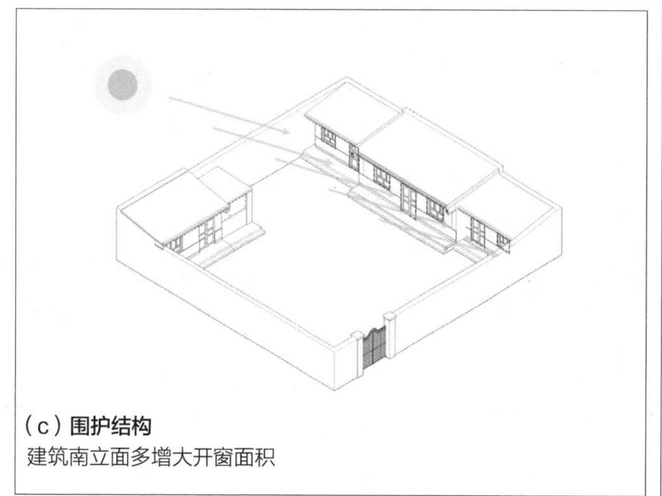

（c）围护结构
建筑南立面多增大开窗面积

（d）案例照片

图 5.1–1　甘肃陇中夯土围墙合院绿色设计原理分析

甘肃陇中夯土围墙合院

案例基础图纸

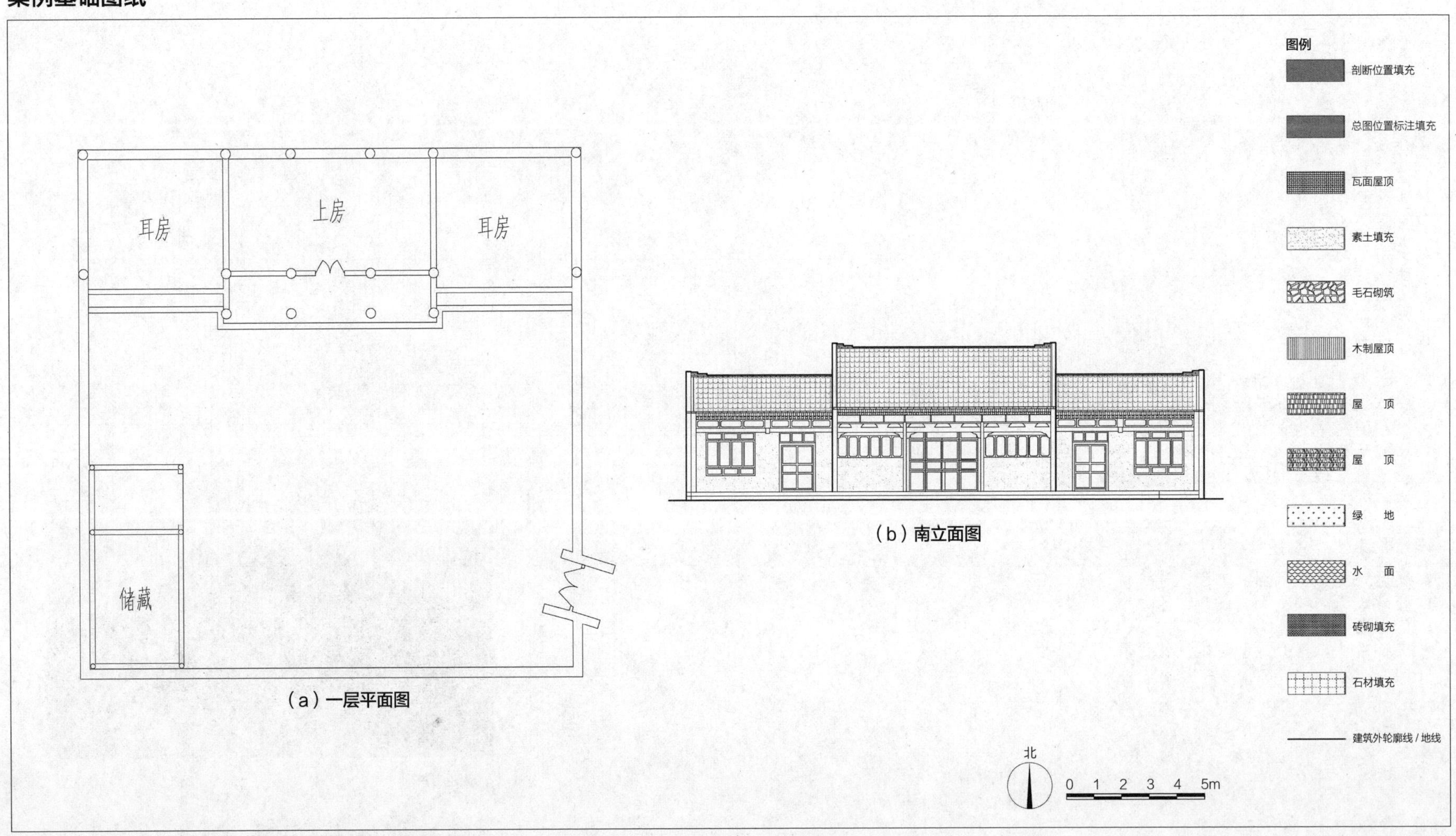

图 5.1-2 甘肃白银市景泰县寺滩乡永泰村某宅基础图纸

云南昆明合院

基本信息

- 分布：云南省中部、北部地区
- 民族：汉族
- 材料：木材、土坯、毛石
- 结构：木构

环境条件

- 气候温和，气温年较差小、日较差大；
- 日照强烈且时间长，太阳高度角大。

绿色经验

- 建筑朝向多为东南向，以最大限度获得天然光，并规避风势；
- 剖面设计多采用退台式，以减少建筑自遮挡，改善室内采光；
- 建筑南立面多设置长窗，以最大限度获得天然光。

设计建议

- 场地布局和空间组织方面，建议优化建筑形体和空间比例，以改善室内采光；
- 围护结构设计方面，建议优化窗墙比，以充分利用天然光。

绿色设计原理

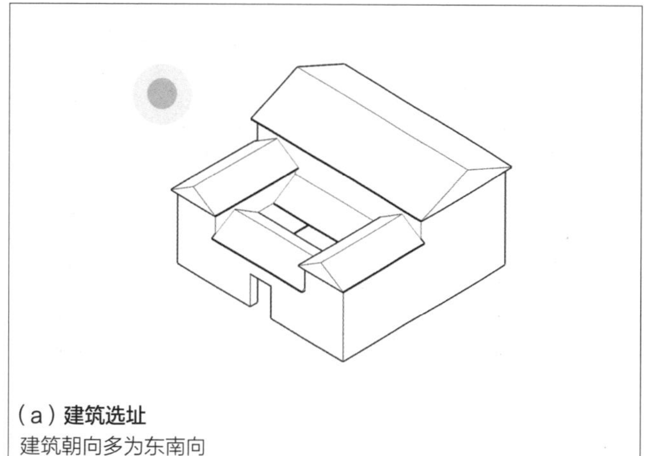

（a）**建筑选址**
建筑朝向多为东南向

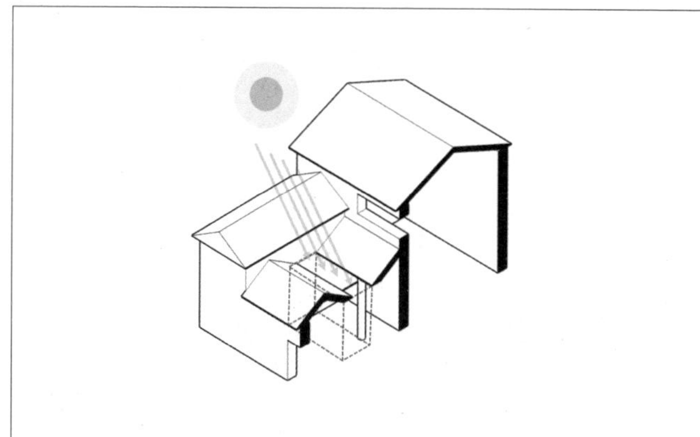

（b）**空间组织**
剖面设计多采用退台式

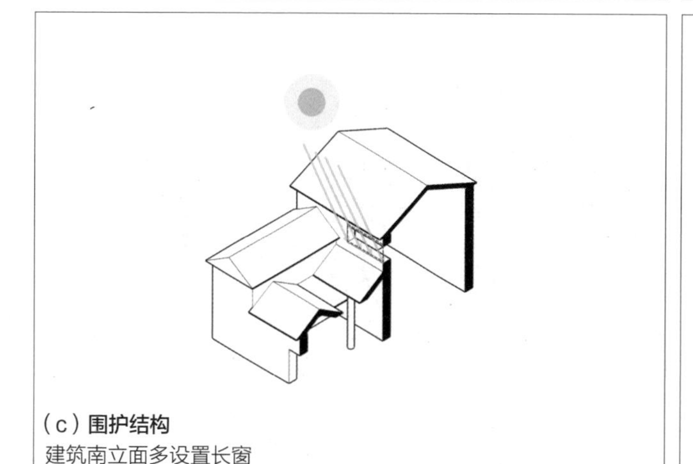

（c）**围护结构**
建筑南立面多设置长窗

（d）**案例照片**

图 5.1-3　云南昆明合院绿色设计原理分析

云南昆明合院

案例基础图纸

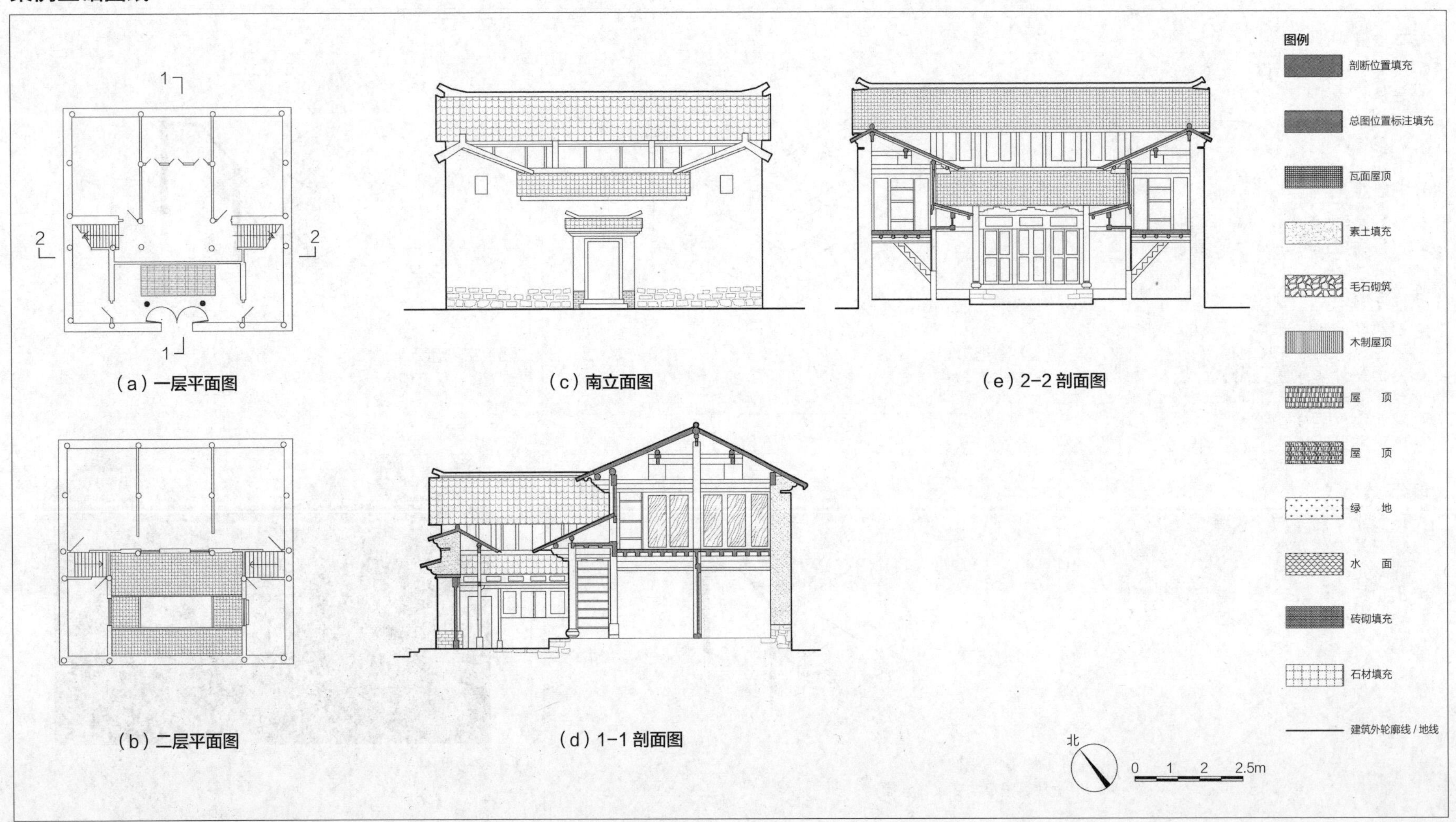

图 5.1–4　云南昆明官渡古镇某宅基础图纸

云南建水合院

基本信息

- 分布：云南省红河哈尼族彝族自治州建水县
- 民族：汉族
- 材料：木材、土坯、毛石
- 结构：木构

环境条件

- 夏季炎热多雨，冬季温和少雨；
- 日照强烈且时间长，太阳高度角大。

绿色经验

- 建筑朝向多为东南向，以最大限度获得天然光，并规避风势；
- 剖面设计多采用退台式，以减少建筑自遮挡，改善室内采光；
- 多设置天井和檐廊，以减少过多太阳辐射，改善室内热湿环境。

设计建议

- 场地布局和空间组织方面，建议优化建筑形体和空间比例，以改善室内采光。

绿色设计原理

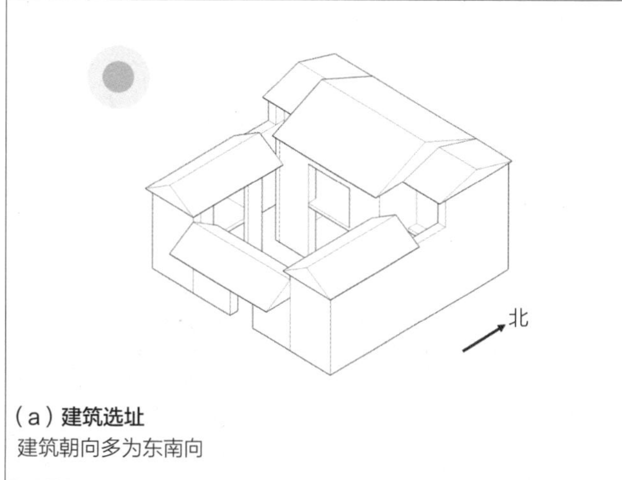

（a）**建筑选址**
建筑朝向多为东南向

（b）**剖面设计**
剖面设计多采用退台式

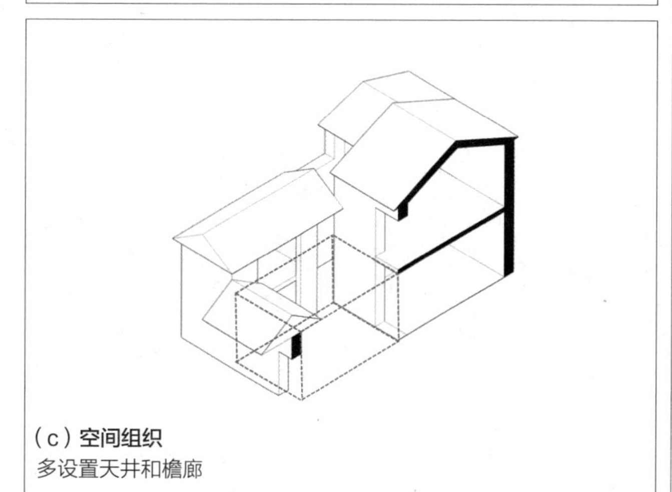

（c）**空间组织**
多设置天井和檐廊

（d）**案例照片**

图 5.1-5　云南建水合院绿色设计原理分析

云南建水合院

案例基础图纸

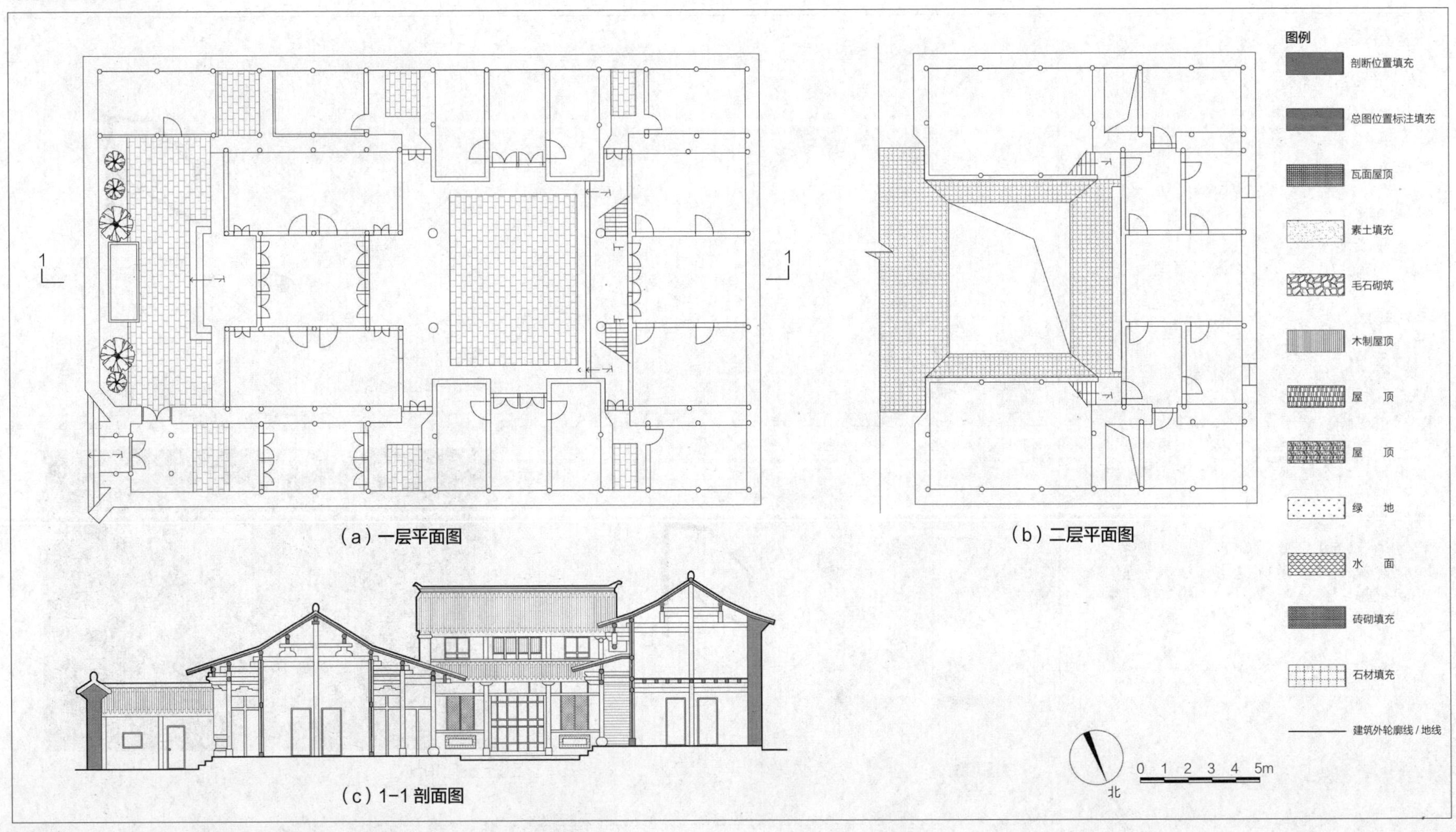

图 5.1-6　云南红河哈尼族彝族自治州建水县东林寺街 53 号院基础图纸

5.2　自然通风与气流组织

新疆维吾尔族和田民居

基本信息

- 分布：新疆维吾尔自治区和田地区
- 民族：维吾尔族
- 材料：木材、生土、编笆、泥浆
- 结构：土木混合结构

环境条件

- 夏季炎热，冬季寒冷；
- 气温日较差大；
- 多沙暴、浮尘。

绿色经验

- 建筑空间布局以“阿以旺”（中庭）为核心，中庭上盖的高度差形成热压通风，白天能促进人体蒸发散热，夜间能引入凉风促进室内降温。

设计建议

- 构造设计方面，建议设置天井或中庭，以充分利用天然光，并改善自然通风。

绿色设计原理

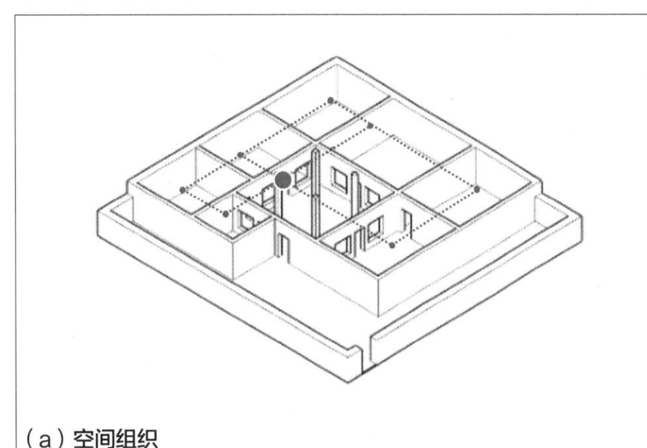

（a）**空间组织**
建筑空间布局以“阿以旺”（中庭）为核心

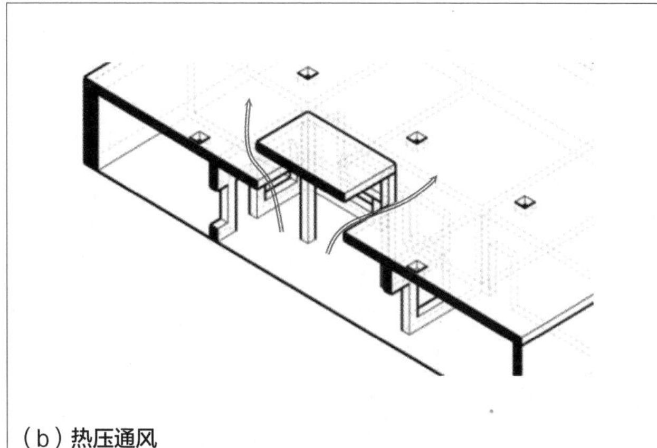

（b）**热压通风**
中庭上盖的高度差形成热压通风，白天能促进人体蒸发散热

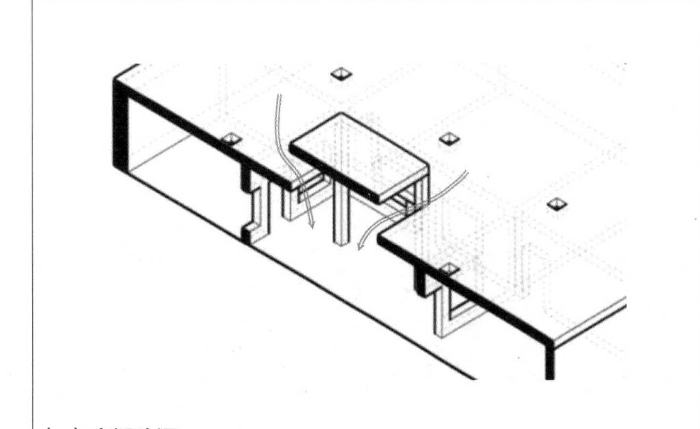

（c）**夜间降温**
夜间能引入凉风促进室内降温

（d）**案例照片**

图 5.2–1　新疆维吾尔族和田民居绿色设计原理分析

新疆维吾尔族和田民居

案例基础图纸

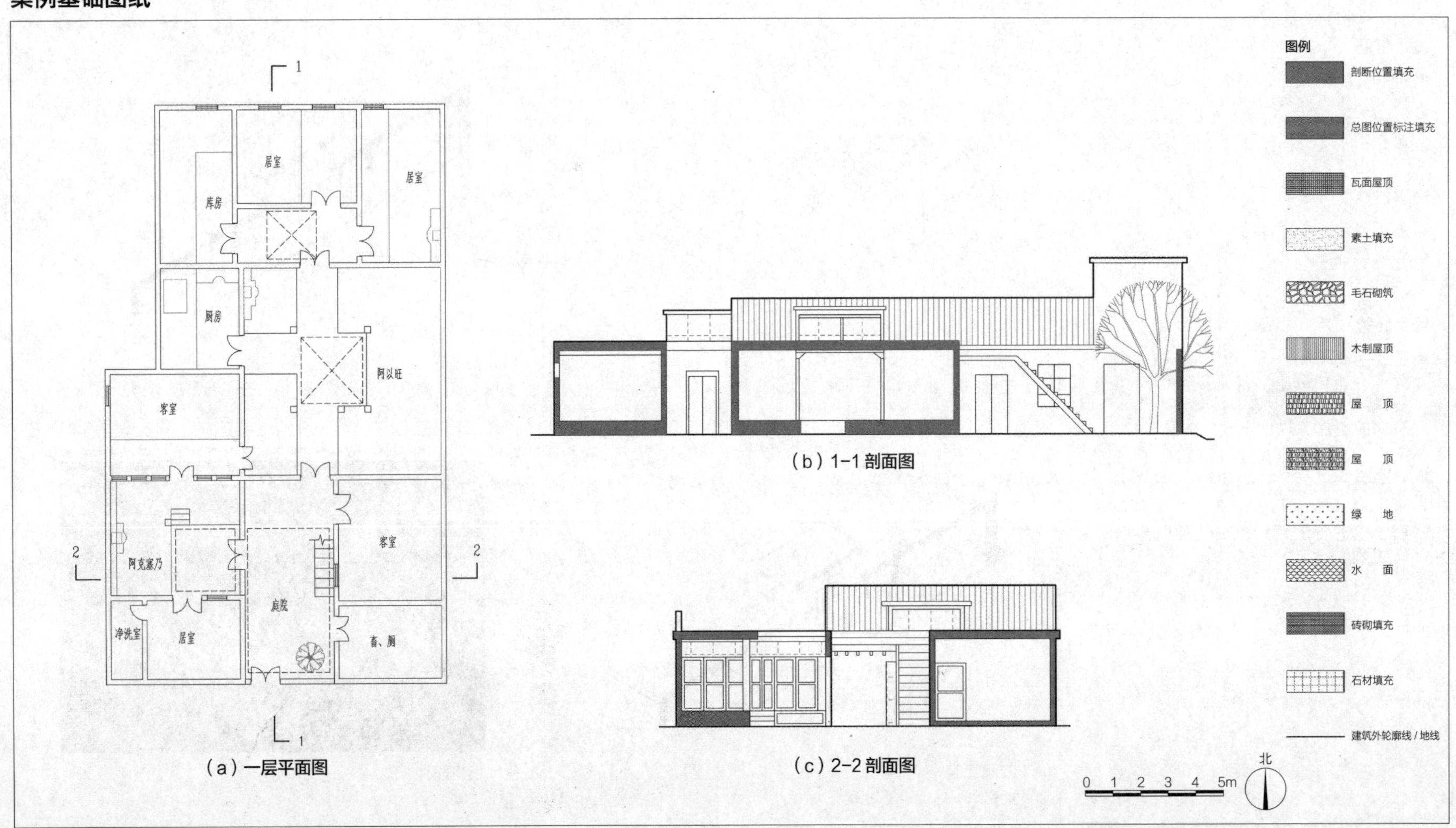

（a）一层平面图

（b）1–1 剖面图

（c）2–2 剖面图

图 5.2–2 新疆和田洛浦县杭桂乡欧吐拉艾日克村某民居基础图纸

四川府第宅院

基本信息

- 分布：四川省汉族地区城镇
- 民族：汉族
- 材料：木材、青瓦、竹、泥、砖
- 结构：木构

环境条件

- 夏季闷热，冬季阴冷；
- 日照时间短。

绿色经验

- 建筑组群布局中院落呈均匀分布，以保证建筑各部分通风，调节微气候；
- 院落多在轴线上相连，促进风压通风；
- 单个院落通过调节空间比例形成拔风效果，以促进热压通风。

设计建议

- 场地布局和空间组织方面，优化建筑平面布局，设置天井或中庭，以改善自然通风，营造良好的室内热湿环境。

绿色设计原理

（a）场地布局
建筑组群布局中院落呈均匀分布

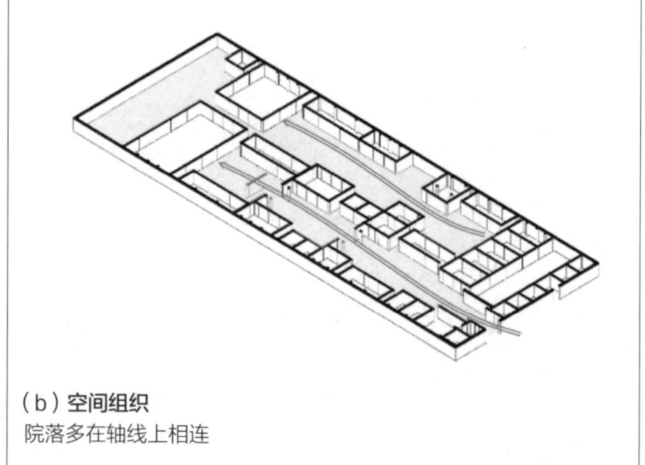

（b）空间组织
院落多在轴线上相连

（c）空间比例
单个院落通过选择合适的平面尺寸形成拔风效果

（d）案例照片

图 5.2-3　四川府第宅院绿色设计原理分析

四川府第宅院

案例基础图纸

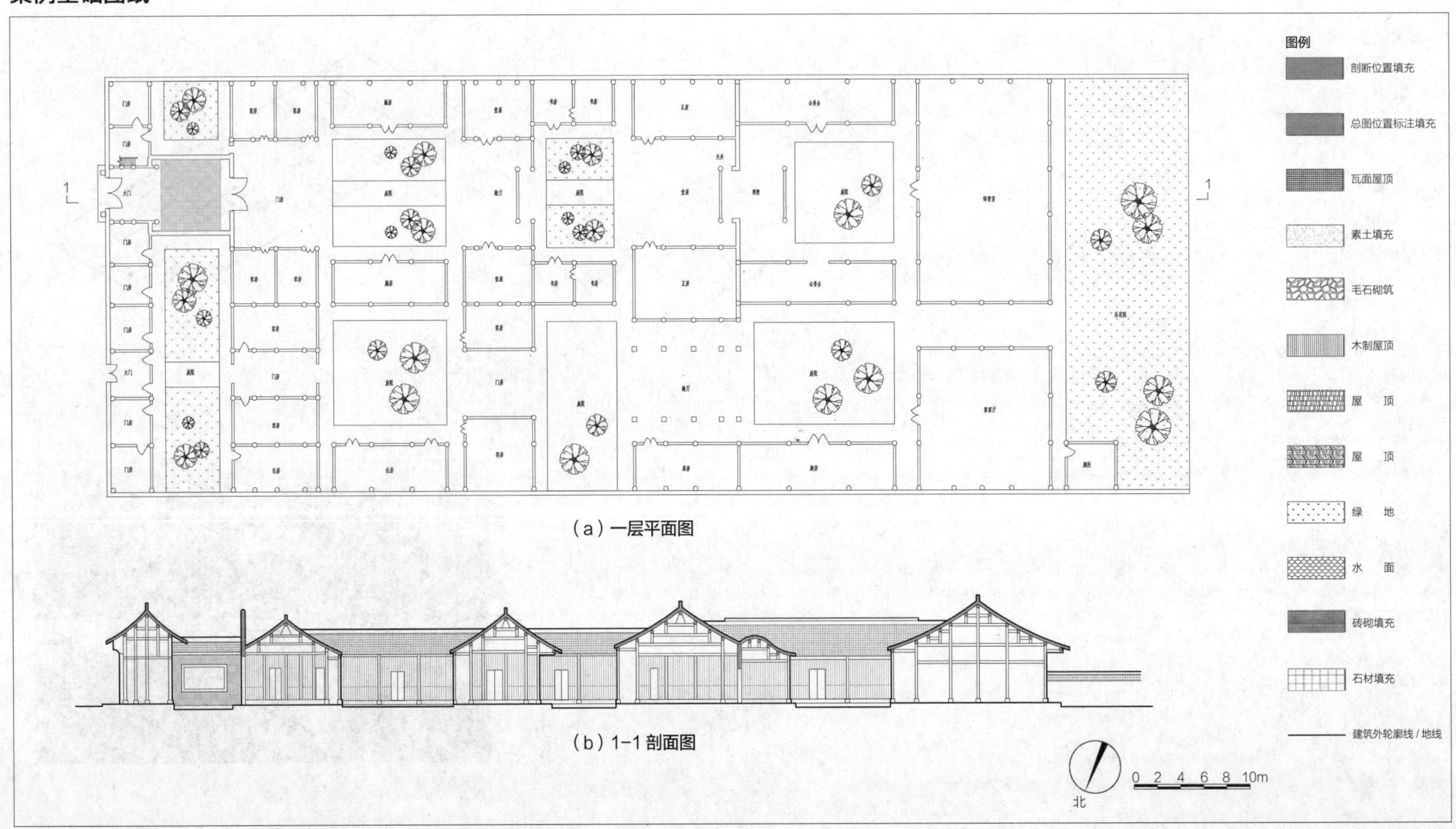

（a）一层平面图

（b）1-1 剖面图

图 5.2-4　四川成都市温江区陈家桅杆基础图纸

云南傣族干栏式民居

基本信息

- 分布：云南省西双版纳傣族自治州、德宏傣族景颇族自治州、红河哈尼族彝族自治州和普洱地区等县市
- 民族：汉族
- 材料：竹、木、茅草、缅瓦
- 结构：竹木混合结构

环境条件

- 地形复杂；
- 气候湿热；
- 降水量大。

绿色经验

- 建筑尺度低矮，以促进建筑组群的自然通风；
- 建筑多底层架空，以促进通风和空气流动，并可以防潮、防兽；
- 建筑内部隔断较少，屋顶部分开敞，以促进通风和空气流动。

设计建议

- 场地布局和空间组织方面，建议优化建筑形体和平面布局，以改善自然通风，营造良好的室内热湿环境。

绿色设计原理

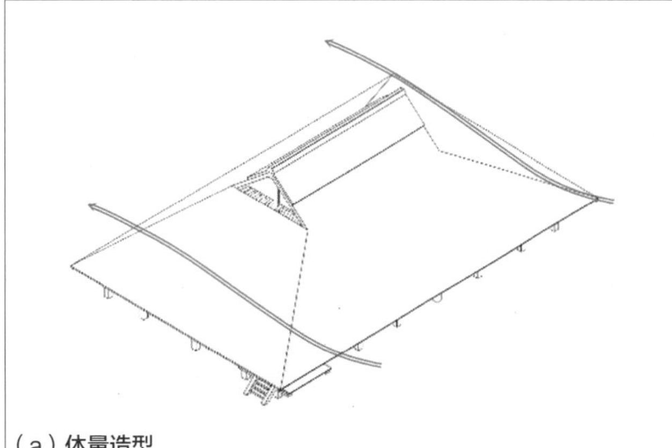

（a）**体量造型**
建筑尺度低矮，以促进建筑组群的自然通风

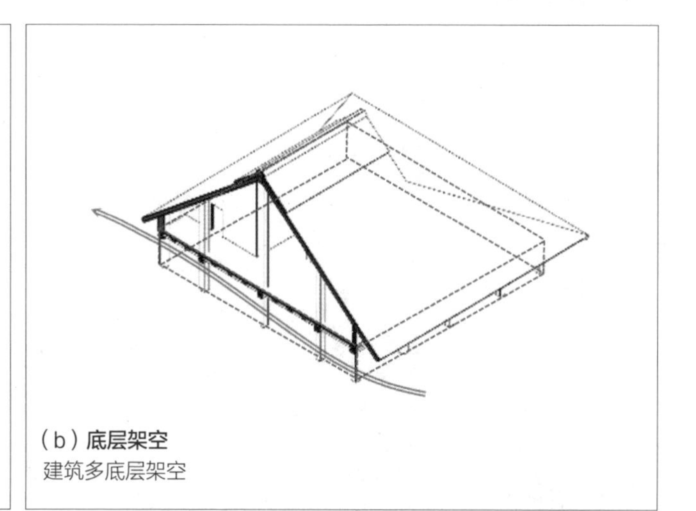

（b）**底层架空**
建筑多底层架空

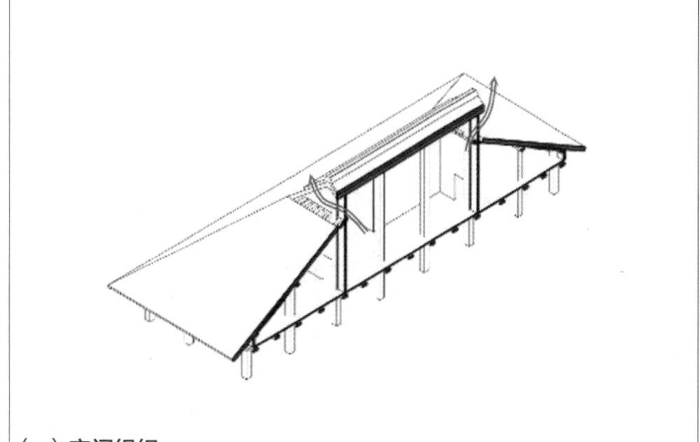

（c）**空间组织**
建筑内部隔断较少，屋顶部分开敞

（d）**案例照片**

图 5.2-5　云南傣族干栏式民居绿色设计原理分析

云南傣族干栏式民居

案例基础图纸

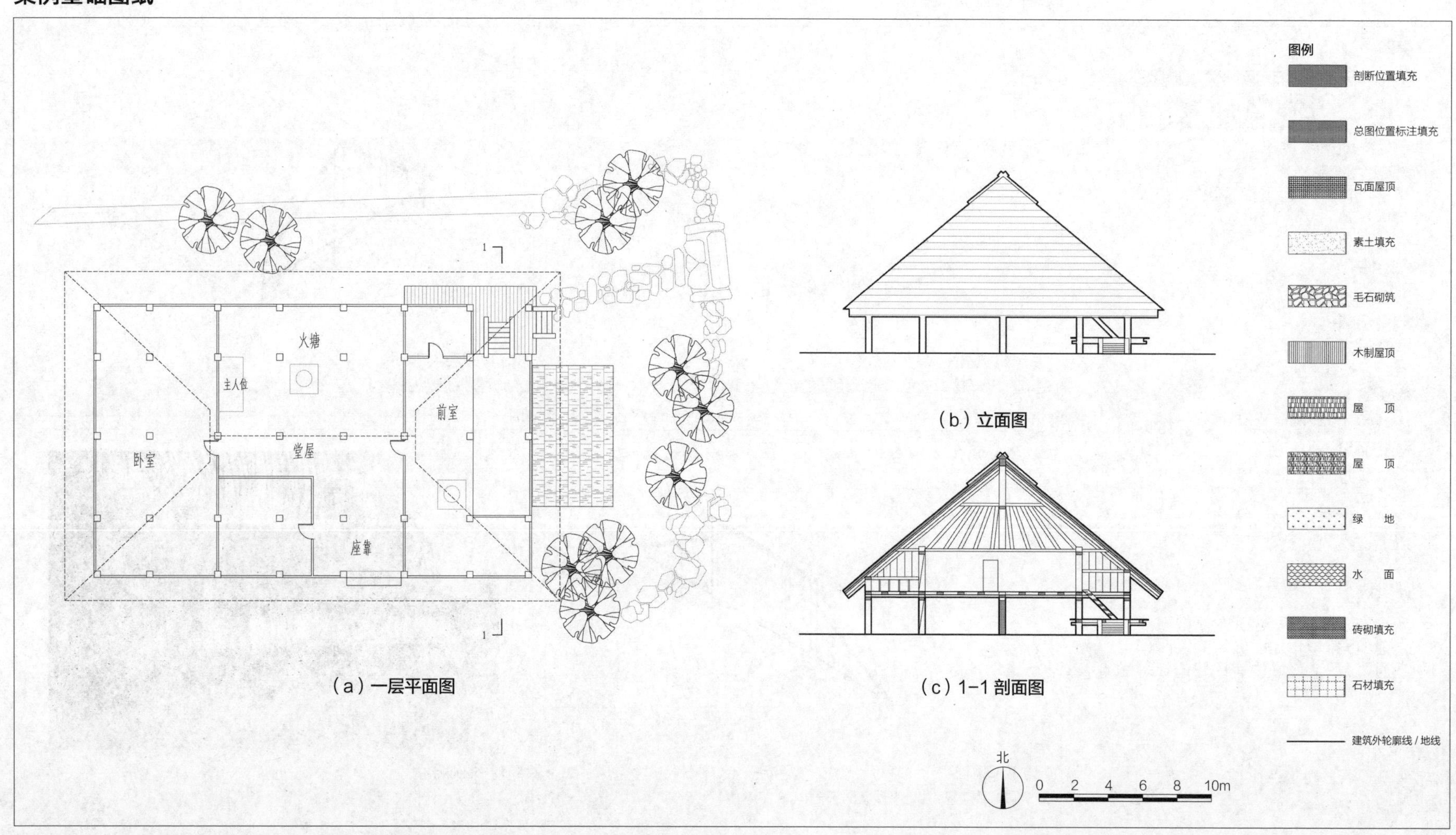

图 5.2-6 云南普洱市孟连傣族拉祜族佤族自治县某宅基础图纸

贵州南侗干栏式民居

基本信息

- 分布：贵州省黔东南苗族侗族自治州黎平、从江、榕江等县
- 民族：侗族
- 材料：木材、青瓦
- 结构：木构

环境条件

- 地形起伏大，可利用平地少；
- 水热条件优越，适宜林木生长；
- 夏季气候湿热；
- 日照强烈。

绿色经验

- 建筑组群多背山面水，场地布局多顺应等高线，以充分利用河谷风，促进通风降温；
- 建筑多底层架空，并抬高屋顶，以促进通风和空气流动；
- 多设置开敞宽廊，并连通屋顶，以促进通风和空气流动。

设计建议

- 场地布局方面，建议考虑场地条件和主导风向，以改善室外通风；
- 空间组织方面，建议优化建筑平面布局，以改善自然通风，营造良好的室内热湿环境。

绿色设计原理

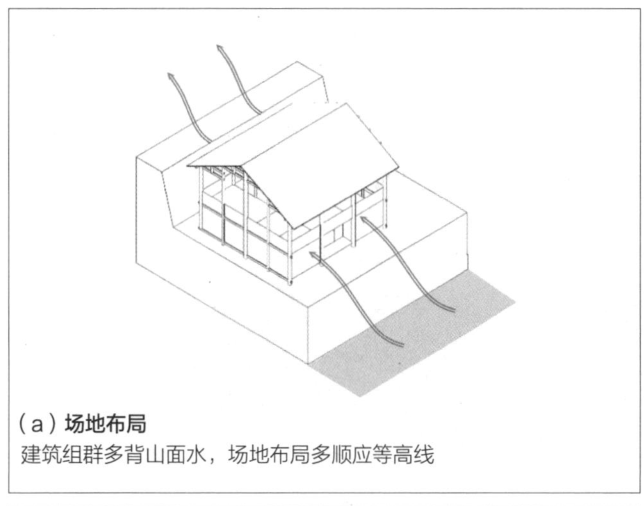

（a）**场地布局**

建筑组群多背山面水，场地布局多顺应等高线

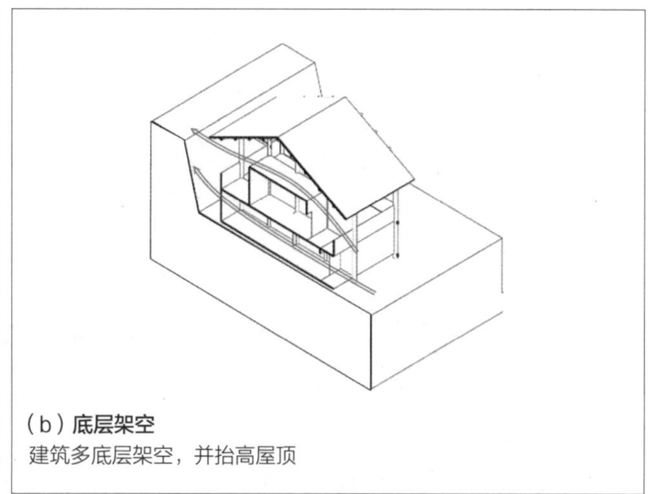

（b）**底层架空**

建筑多底层架空，并抬高屋顶

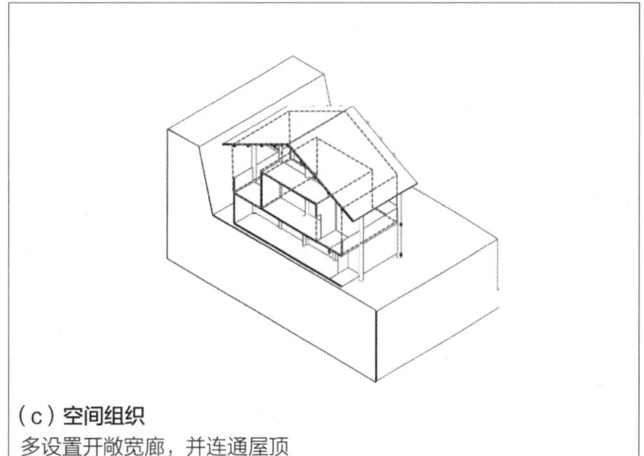

（c）**空间组织**

多设置开敞宽廊，并连通屋顶

（d）**案例照片**

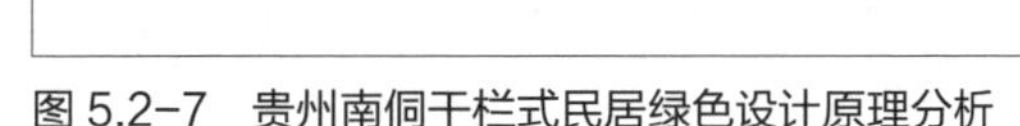

图 5.2-7　贵州南侗干栏式民居绿色设计原理分析

贵州南侗干栏式民居

案例基础图纸

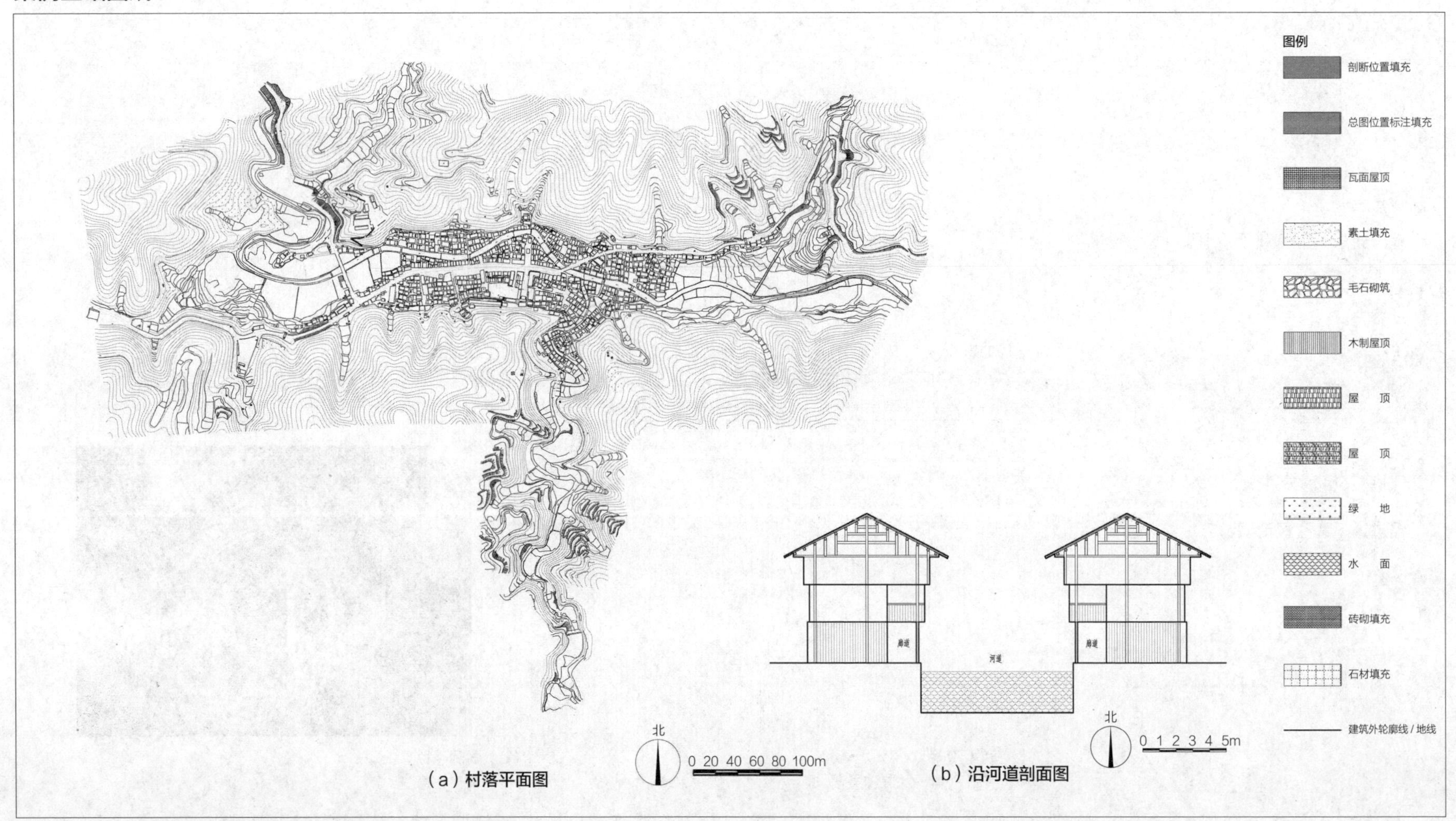

图 5.2-8 贵州黔东南苗族侗族自治州黎平县肇兴侗寨基础图纸

第 6 章

室外环境与宜居

6.1　结合地形地貌的场地设计

陕西北部靠崖窑

基本信息

- 分布：陕西省延安、榆林等市
- 民族：汉族
- 材料：黄土、木材、麦草黄泥、石灰砂浆
- 结构：土构

环境条件

- 地形多陡坡和深沟，可利用平地少；
- 土质直立稳定性较好，利于开挖；
- 冬冷夏热，气温日较差大；
- 日照充足；
- 降水量小。

绿色经验

- 建筑组群随等高线采用层叠退台式布局，以减少土方搬运，并使下一层窑顶作为上一层场院。

设计建议

- 竖向设计方面，建议结合自然地形进行建筑布局，以减少土方量；
- 景观设计方面，建议严格保护场地生态环境，充分利用场地内空间进行绿化设计。

绿色设计原理

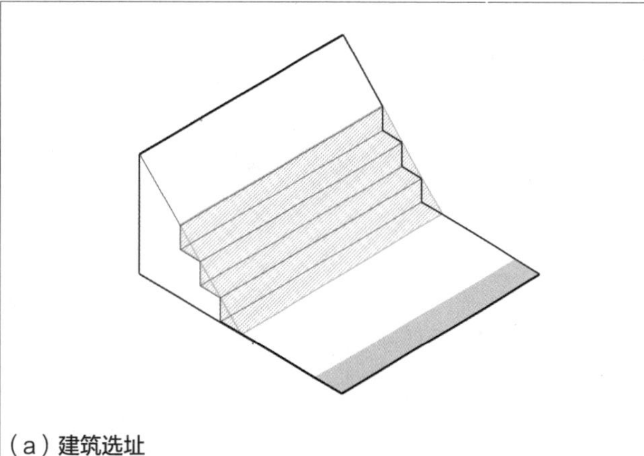

（a）**建筑选址**
建筑选址多利用山地、台地等较难耕种的土地进行建设

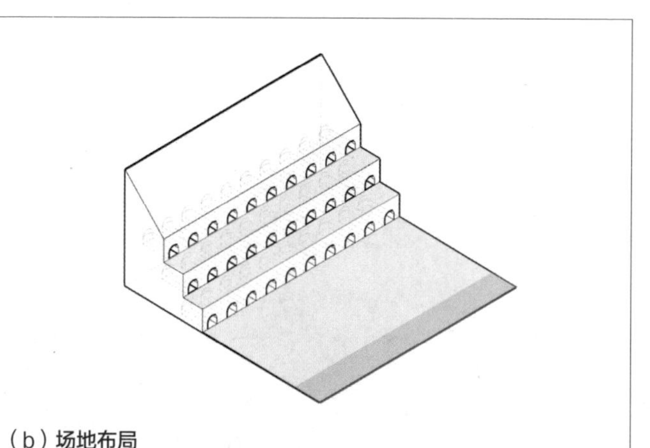

（b）**场地布局**
建筑组群随等高线采用层叠退台式布局

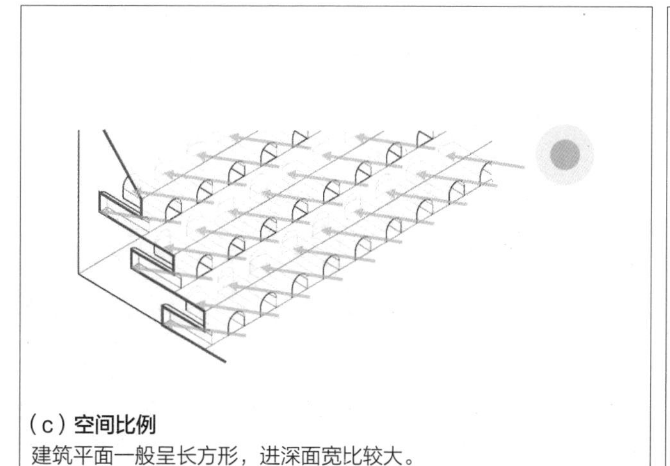

（c）**空间比例**
建筑平面一般呈长方形，进深面宽比较大。

（d）**案例照片**

图 6.1–1　陕西北部靠崖窑绿色设计原理分析

陕西北部靠崖窑

案例基础图纸

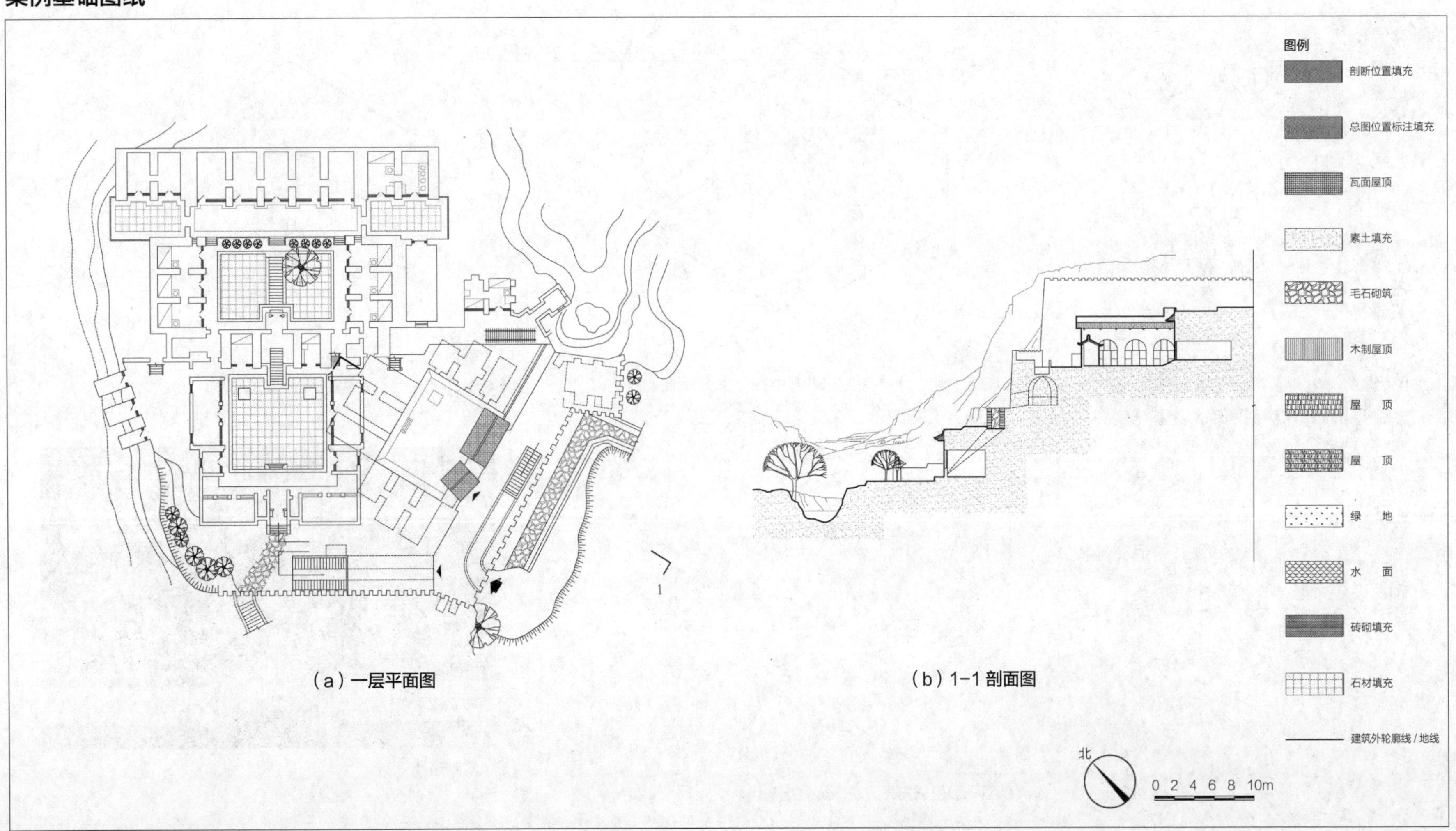

图 6.1-2 陕西榆林市米脂县姜耀祖庄园基础图纸

贵州苗族吊脚楼

基本信息

- 分布：贵州省黔东南苗族侗族自治州台江、雷山、剑河、凯里、麻江、施秉、黄平、丹寨等县和铜仁市松桃等县
- 民族：苗族
- 材料：木材
- 结构：木构

环境条件

- 地形复杂，多山地、陡地，可利用平地少。

绿色经验

- 建筑选址多利用山地、台地等较难耕种的土地进行建设，以节约用地；
- 场地布局充分利用山地高差，以获得不同高程的建筑和场地空间；
- 建筑结构采用干栏或半干栏式，合理分布功能空间，以集约利用土地。

设计建议

- 竖向设计方面，建议结合自然地形进行建筑布局，以减少土方量。

绿色设计原理

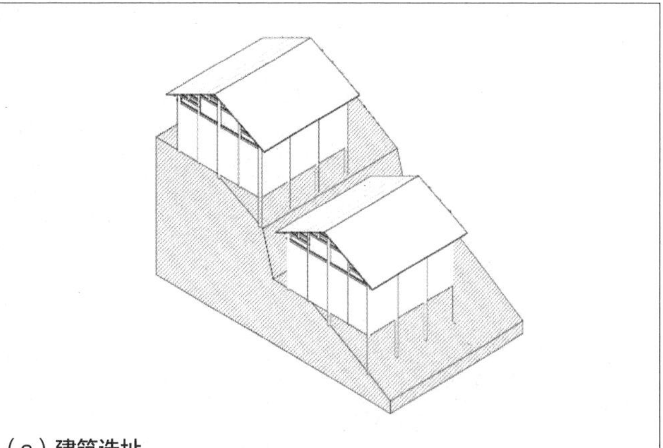

（a）**建筑选址**
建筑选址多利用山地、台地等较难耕种的土地进行建设

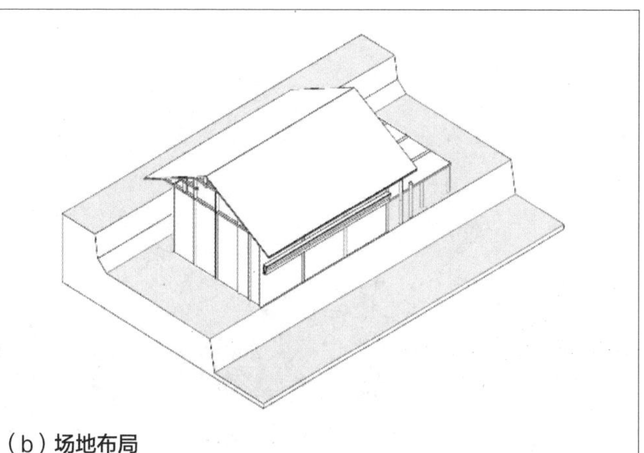

（b）**场地布局**
场地布局充分利用山地高差

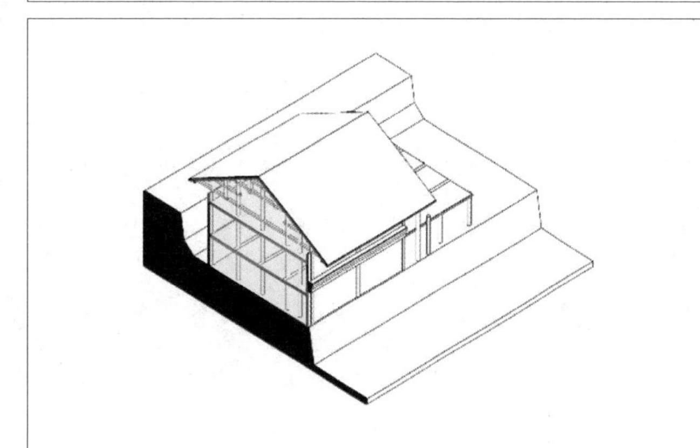

（c）**空间组织**
建筑结构采用干栏或半干栏式，合理分布功能空间

（d）**案例照片**

图 6.1–3　贵州苗族吊脚楼绿色设计原理分析

贵州苗族吊脚楼

案例基础图纸

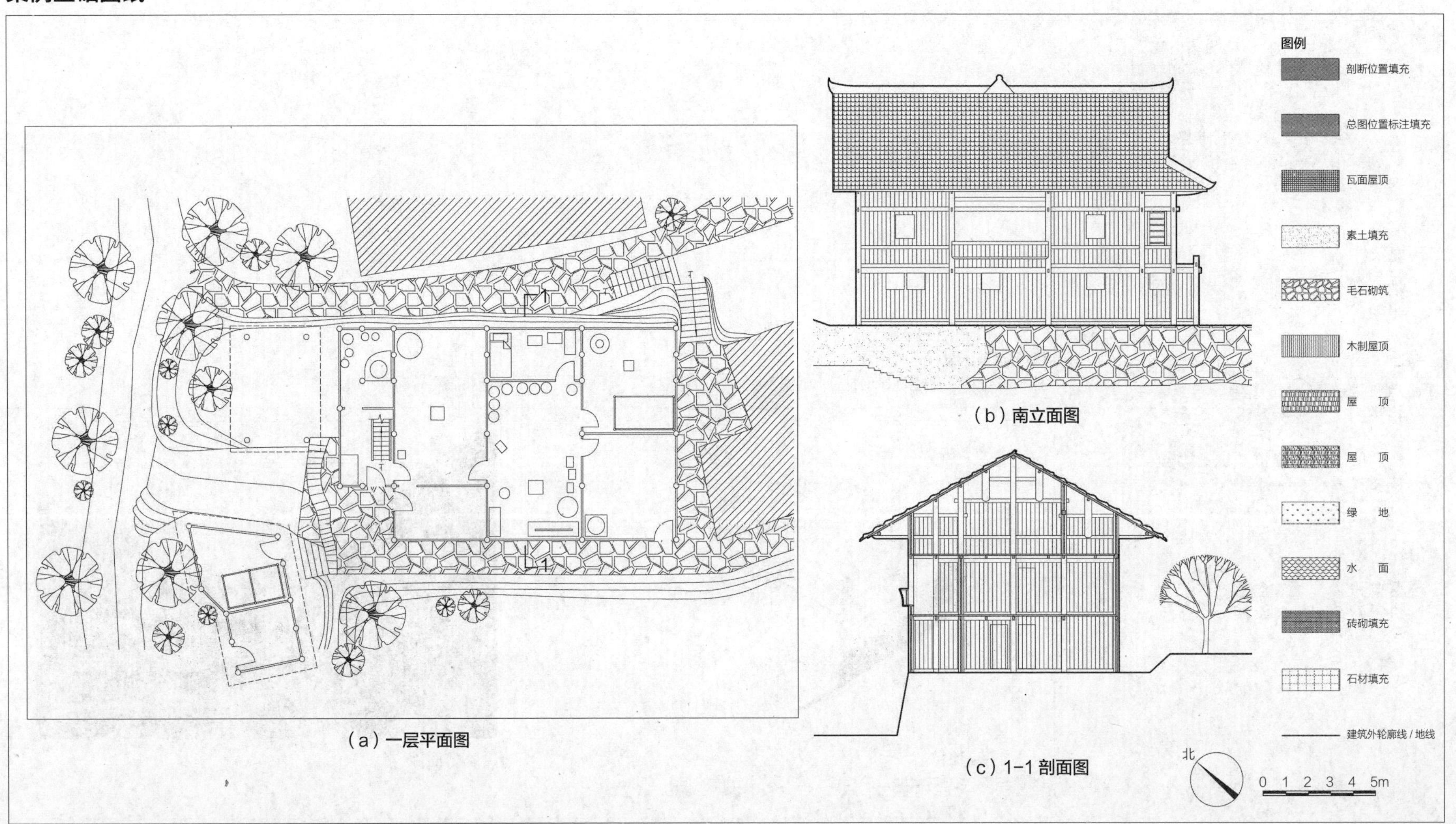

图 6.1–4　贵州黔东南苗族侗族自治州雷山县郎德镇上寨某宅基础图纸

6.2　微气候调节

陕西关中窄院

基本信息

- 分布：陕西省关中地区西安市、三原县、潼关县、合阳县、富平县、旬邑县、韩城市等地
- 民族：汉族
- 材料：土、木、砖、石
- 结构：砖木混合结构

环境条件

- 土层深厚，雨水易渗难积，植被较少；
- 冬季寒冷漫长，夏季炎热干燥；
- 日照强烈；
- 降水量小。

绿色经验

- 屋顶设计多采用内向单坡，出檐较深，以在夏季屏蔽过多的太阳辐射，形成阴凉；
- 院落的面宽 – 进深 – 高度比例关系形成“狭管效应”，以促进自然通风，并满足基本采光需求。

设计建议

- 场地布局方面，建议优化组织场地内风环境，使形成有利于室外行走、活动的舒适自然风。

绿色设计原理

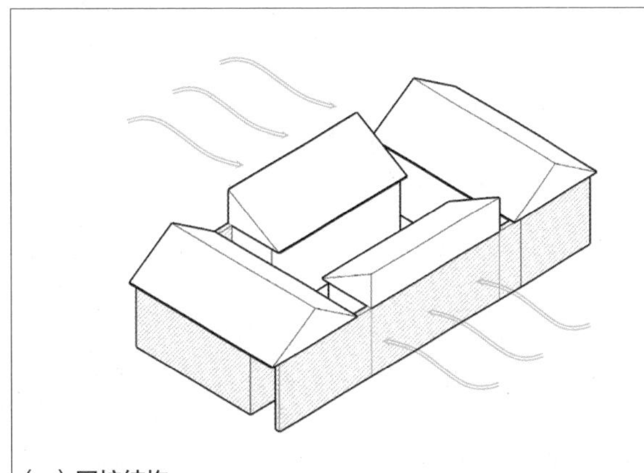

（a）**围护结构**
建筑外围护结构采用高大厚重的生土墙体

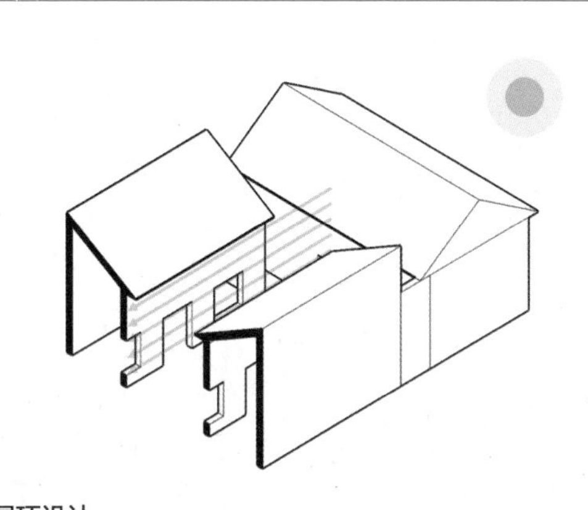

（b）**屋顶设计**
屋顶设计多采用内向单坡，出檐较深

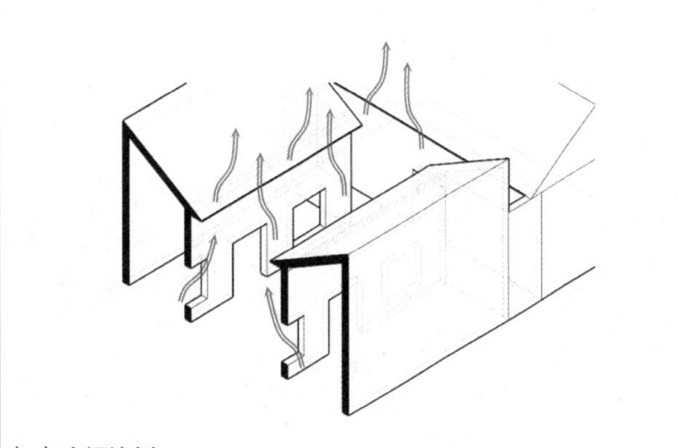

（c）**空间比例**
院落的面宽 – 进深 – 高度的比例关系形成“狭管效应”

（d）**案例照片**

图 6.2-1　陕西关中窄院绿色设计原理分析

陕西关中窄院

案例基础图纸

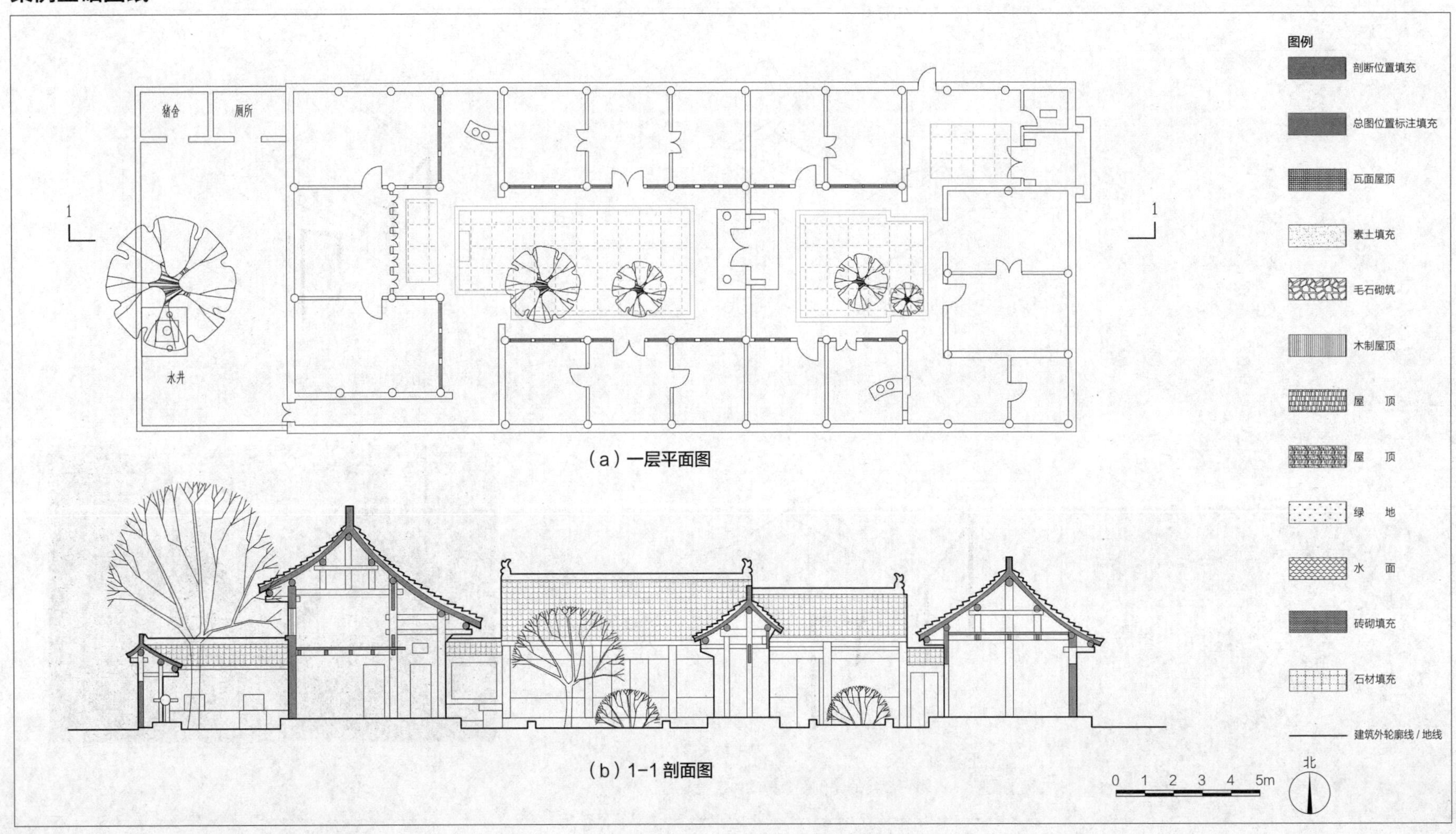

（a）一层平面图

（b）1-1 剖面图

图 6.2-2 陕西汉中市城固县芦宅基础图纸

甘肃陇中夯土围墙合院

绿色设计原理

基本信息

- 分布：甘肃省陇中地区
- 民族：汉族
- 材料：土坯、青砖、木材等
- 结构：土木混合结构

环境条件

- 气候寒冷，气温日较差大；
- 日照时间长；
- 降水量小，蒸发量大；
- 多风沙。

绿色经验

- 建筑外围护结构采用厚重的生土墙体，以利用其良好的保温隔热性能，抵抗寒冷并防御风沙；
- 院落内多种植植物，以利用其遮阳、蒸腾降温作用，调节微气候。

设计建议

- 景观设计方面，建议严格保护场地生态环境，充分利用场地内空间进行绿化设计。

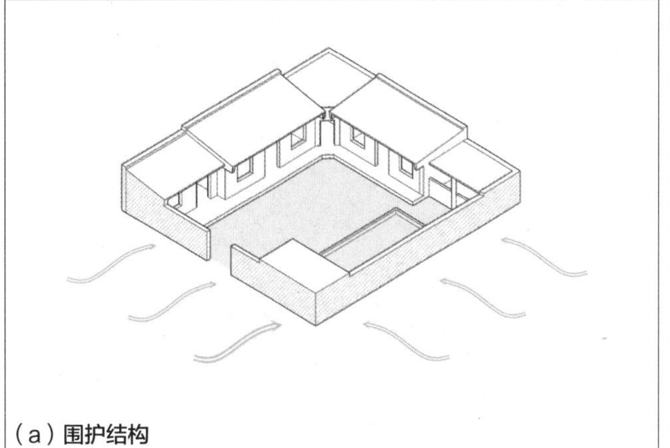

（a）**围护结构**
建筑外围护结构采用厚重的生土墙体

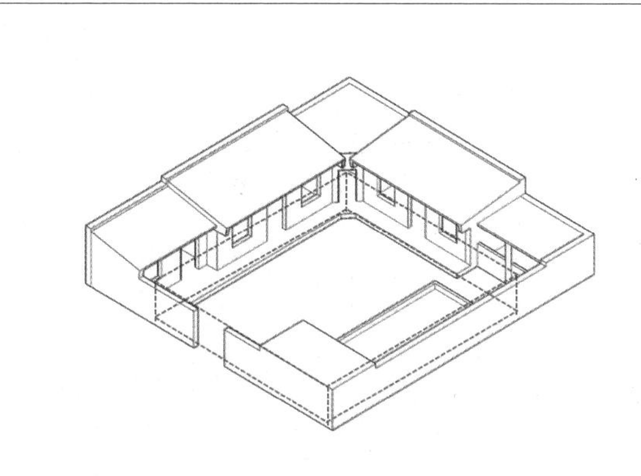

（b）**空间比例**
院落面宽 - 进深比一般较大

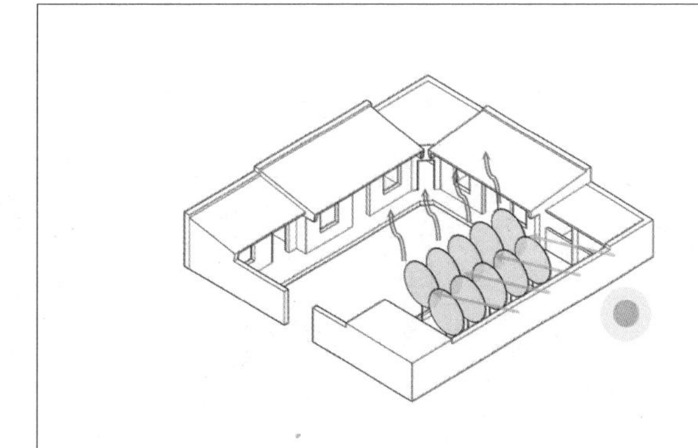

（c）**景观设计**
院落内多种植植物

（d）**案例照片**

图 6.2-3　甘肃陇中夯土围墙合院绿色设计原理分析

甘肃陇中夯土围墙合院

案例基础图纸

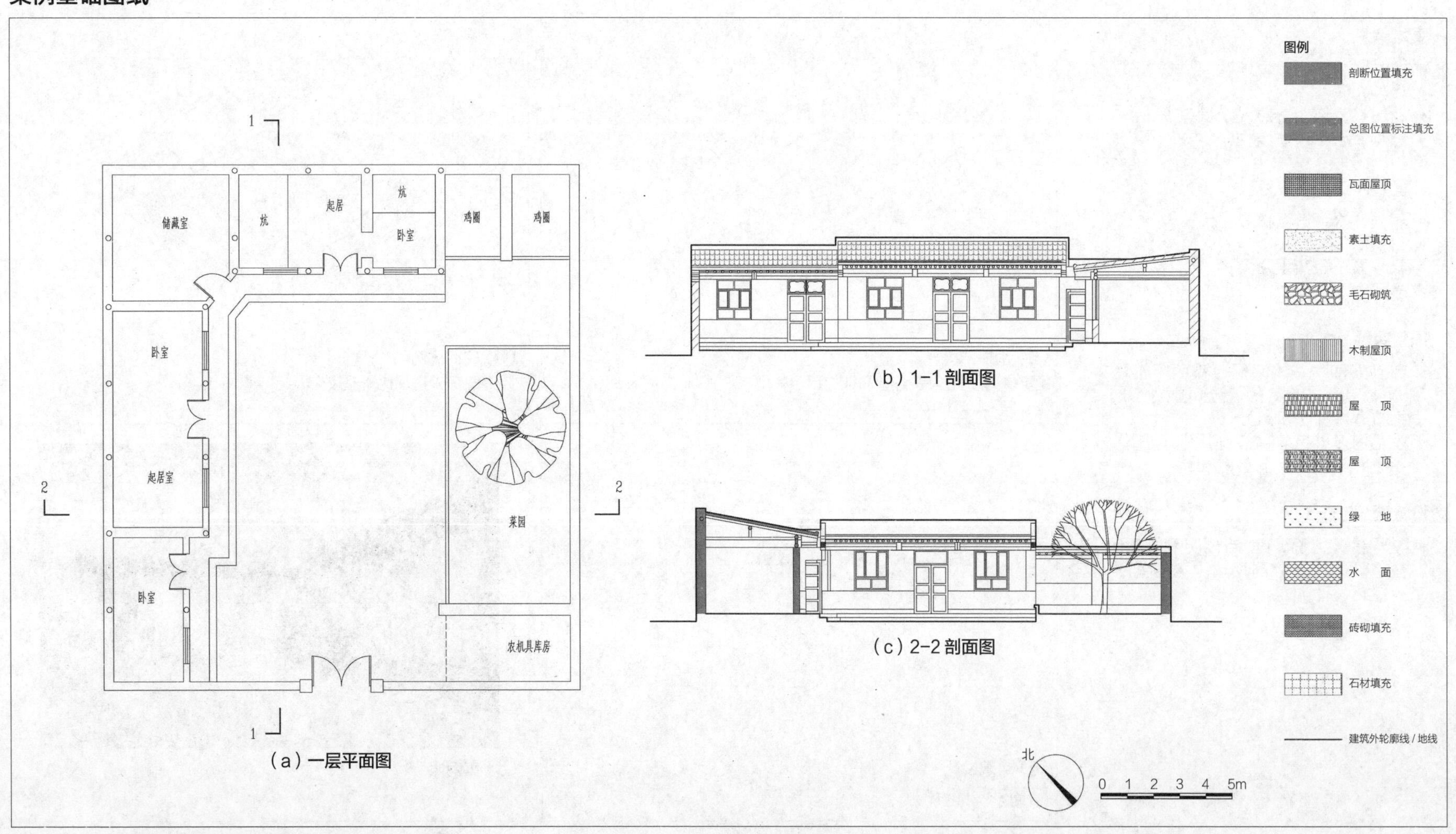

图 6.2-4　甘肃白银市景泰县寺滩乡永泰村某宅基础图纸

新疆维吾尔族吐鲁番民居

基本信息

- 分布：新疆维吾尔自治区吐鲁番地区
- 民族：维吾尔族
- 材料：生土、木材、芦苇、草泥
- 结构：土木混合结构

环境条件

- 土层深厚；
- 气温年较差、日较差大；
- 日照强烈且时间长；
- 降水量小，蒸发量大；
- 多大风。

绿色经验

- 院落中多设置半开敞的高棚架，以形成遮阳并引导空气流动；
- 院落内多种植植物，以发挥其遮阳、蒸腾降温作用，调节微气候。

设计建议

- 景观设计方面，建议充分利用院落空间进行绿化设计，以降低热岛效应强度。

绿色设计原理

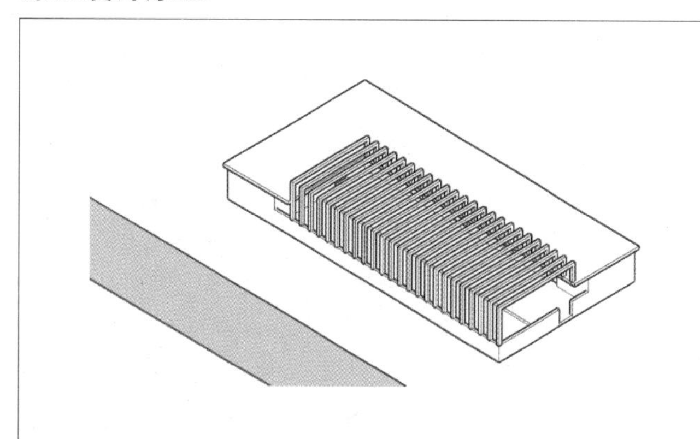

（a）建筑选址
建筑选址多近水

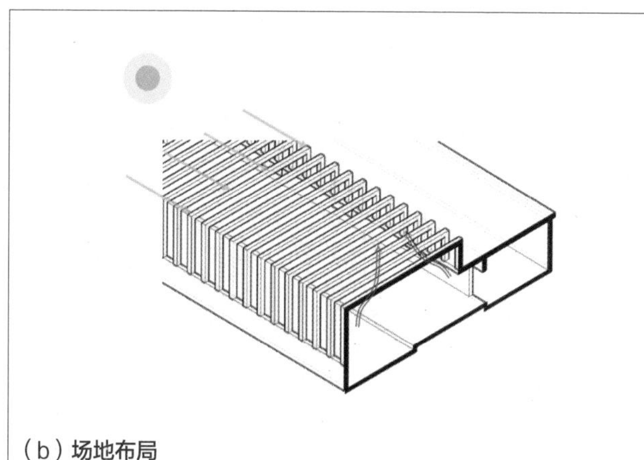

（b）场地布局
院落中多设置半开敞的高棚架

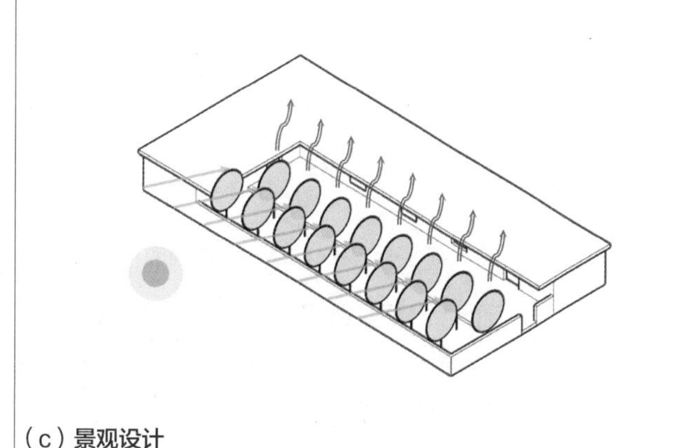

（c）景观设计
院落内多种植植物

（d）案例照片

图 6.2-5　新疆维吾尔族吐鲁番民居绿色设计原理分析

新疆维吾尔族吐鲁番民居

案例基础图纸

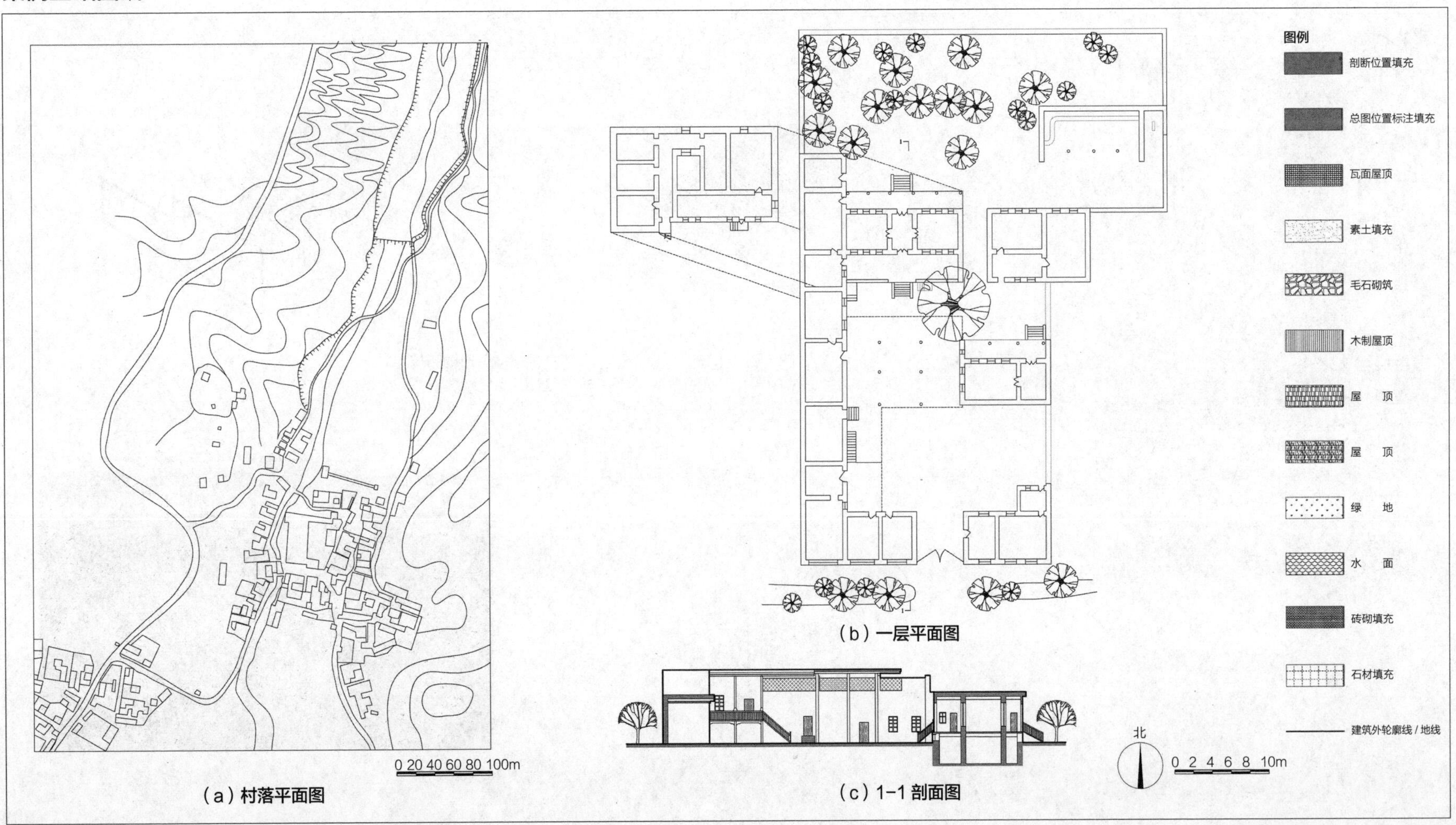

图 6.2-6　新疆吐鲁番吐峪沟麻扎村某民居基础图纸

贵州山地多进合院

基本信息

- 分布：贵州省镇远古城、旧州古镇、铜仁东山等地
- 民族：汉族
- 材料：木材、青石、青瓦、砖
- 结构：木构

环境条件

- 地形多山地；
- 气候温和；
- 降水量大。

绿色经验

- 建筑组群顺应地形采用院落式布局，以保证建筑各部分通风，调节微气候；
- 场地布局多面向主导风向，并顺应等高线，以充分利用山谷风，促进通风降温；
- 院落布局以天井为核心，以形成拔风效果，以促进热压通风。

设计建议

- 场地布局方面，建议考虑场地条件和主导风向，优化组织场地内风环境，使形成有利于室外行走、活动的舒适自然风；
- 空间组织方面，建议优化院落空间和建筑平面布局，在建筑内部增加天井或中庭，以改善自然通风，营造良好的室内热湿环境。

绿色设计原理

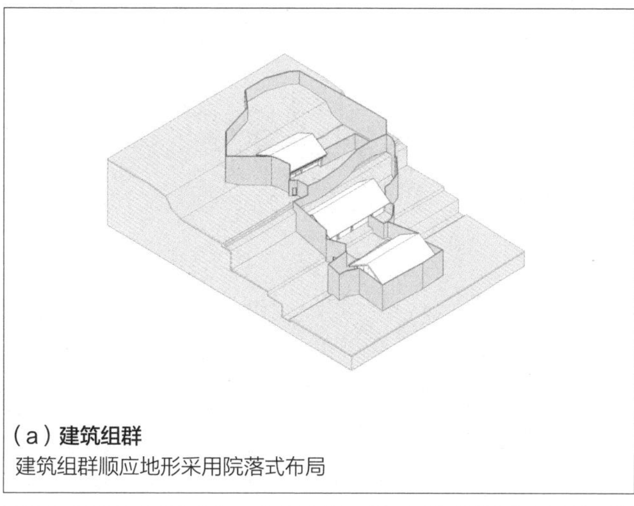

(a) **建筑组群**
建筑组群顺应地形采用院落式布局

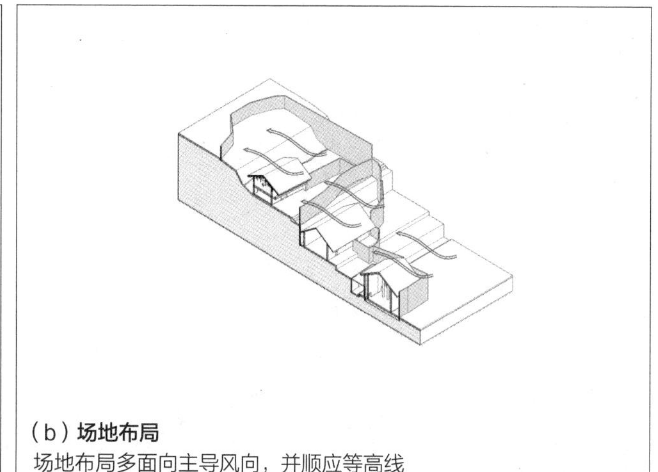

(b) **场地布局**
场地布局多面向主导风向，并顺应等高线

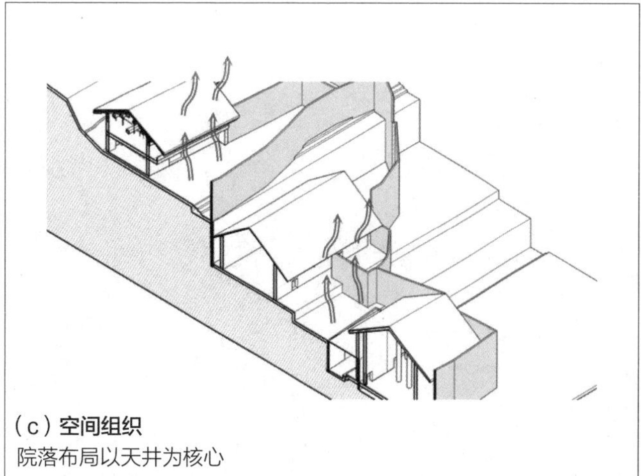

(c) **空间组织**
院落布局以天井为核心

(d) **案例照片**

图 6.2-7　贵州山地多进合院绿色设计原理分析

贵州山地多进合院

案例基础图纸

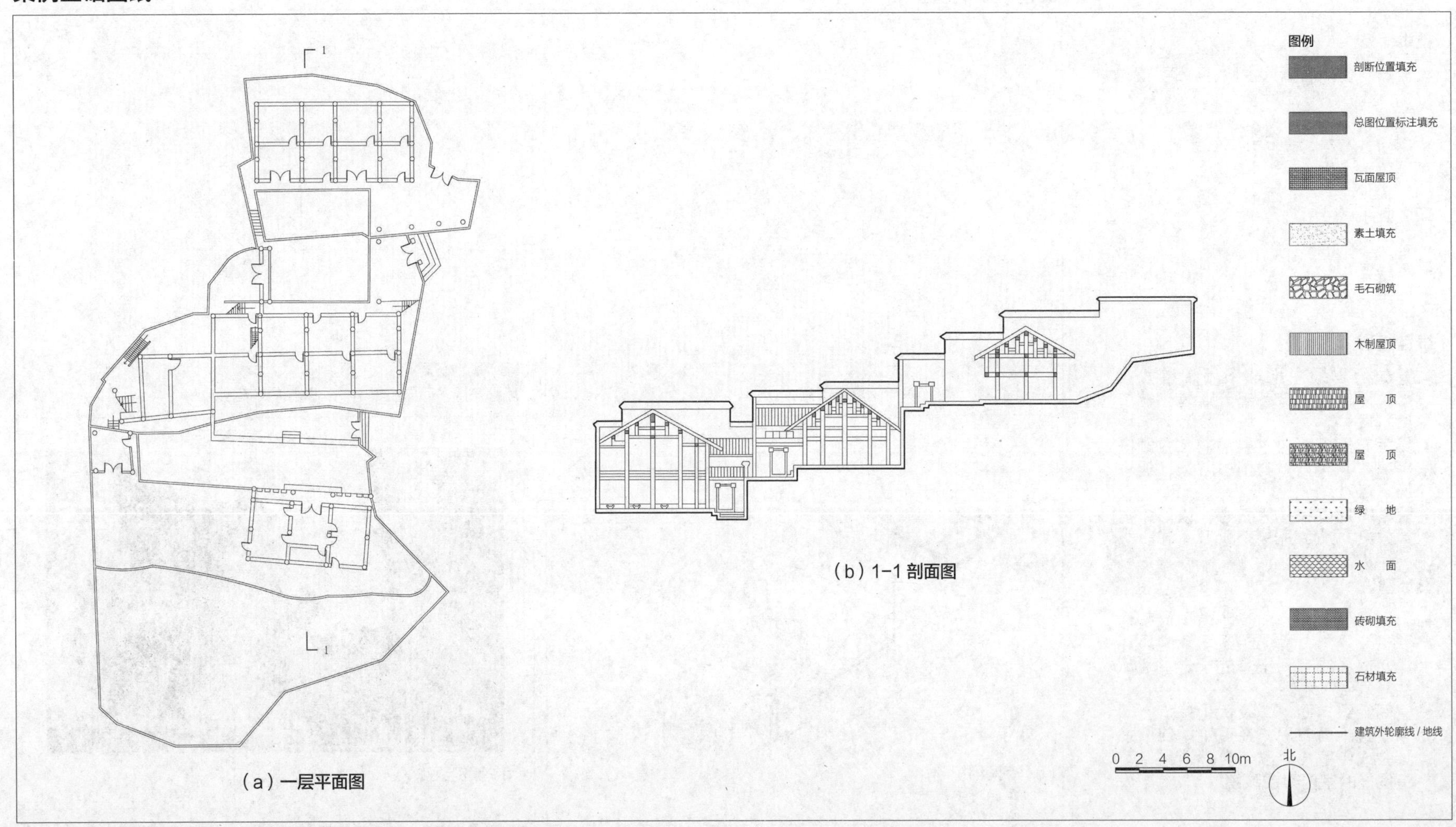

图 6.2-8　贵州黔东南苗族侗族自治州镇远县复兴巷杨宅基础图纸

广西南部广府式院落

基本信息

- 分布：广西钦州、玉林等市
- 民族：汉族
- 材料：木、土、砖、青瓦
- 结构：砖木混合结构

环境条件

- 夏季炎热；
- 日照强烈；
- 降水量大。

绿色经验

- 建筑组群布局中院落呈均匀分布，以保证建筑各部分通风，调节微气候；
- 单个院落通过调节空间比例形成拔风效果，以促进热压通风，调节微气候。

设计建议

- 场地布局和空间组织方面，建议优化建筑平面布局，设置天井或中庭，改善自然通风效果，营造良好的室内热湿环境。

绿色设计原理

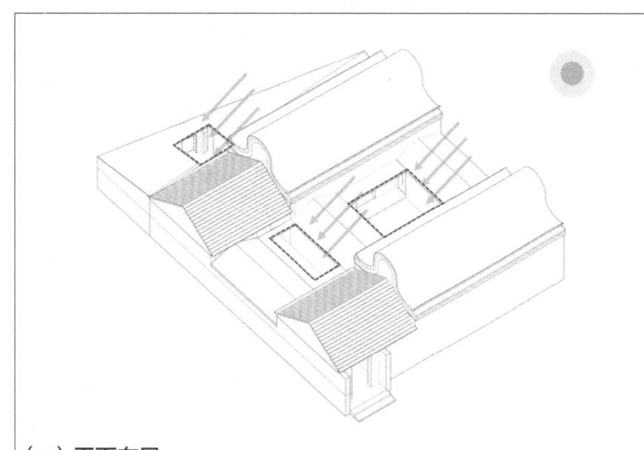

（a）**平面布局**
建筑平面布局多采用小天井、大进深的形式

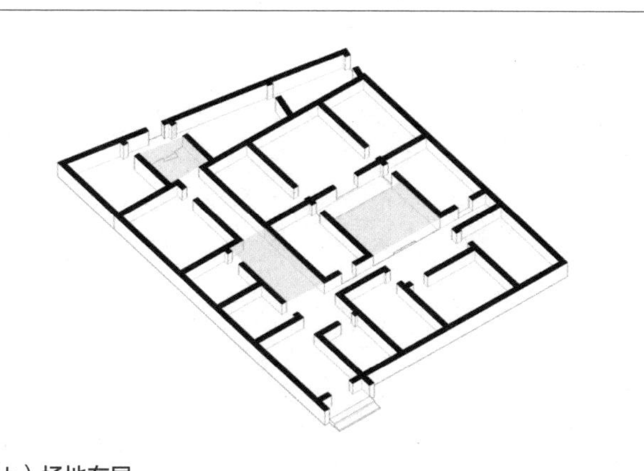

（b）**场地布局**
建筑组群布局中院落呈均匀分布

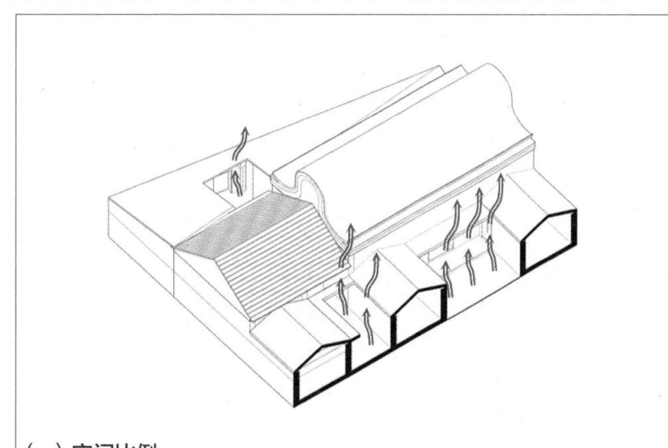

（c）**空间比例**
单个院落通过选择合适的平面尺寸形成拔风效果

（d）**案例照片**

图 6.2-9　广西南部广府式院落绿色设计原理分析

广西南部广府式院落

案例基础图纸

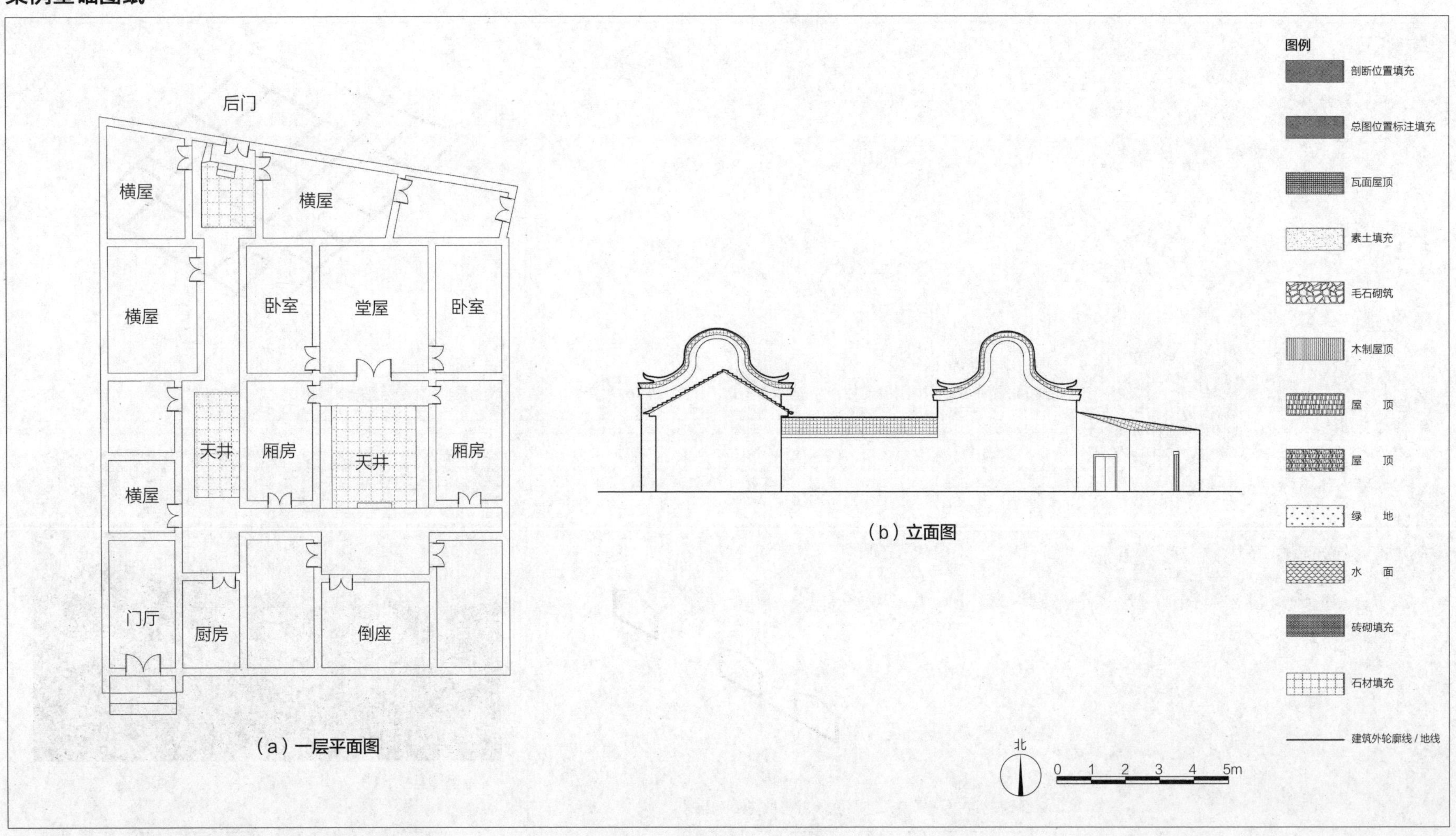

图 6.2-10 广西钦州市灵山县大芦村镬耳楼基础图纸

参考文献

[1] 刘加平 . 绿色建筑概论 [M]. 北京：中国建筑工业出版社，2010.

[2] 刘加平等 . 绿色建筑—西部践行 [M]. 北京：中国建筑工业出版社，2015.

[3] 中华人民共和国建设部，中华人民共和国国家质量监督检验检疫总局 . 绿色建筑评价标准：GB/T 50378-2006[S]. 北京：中国建筑工业出版社，2006.

[4] 中华人民共和国建设部，中华人民共和国国家质量监督检验检疫总局 . 绿色建筑评价标准：GB/T 50378-2014[S]. 北京：中国建筑工业出版社，2014.

[5] 中华人民共和国住房和城乡建设部，国家市场监督管理总局 . 绿色建筑评价标准：GB/T 50378-2019[S]. 北京：中国建筑工业出版社，2019.

[6] 中国建筑标准设计研究院 . 绿色建筑评价标准应用技术图示 [M]. 北京：中国计划出版社，2016.

[7] 卜增文，孙大明，林波荣，林武生，杨建荣 . 实践与创新：中国绿色建筑发展综述 [J]. 暖通空调，2012，42（10）：1-8.

[8] 住房和城乡建设部科技发展促进中心等 . 绿色建筑的人文理念 [M]. 北京：中国建筑工业出版社，2010.

[9] 中国城市科学研究会绿色建筑与节能专业委员会绿色人文学组 . 中国传统建筑的绿色技术与人文理念 [M]. 北京：中国建筑工业出版社，2010.

[10] 中华人民共和国住房和城乡建设部 . 中国传统民居类型全集 [M]. 北京：中国建筑工业出版社，2014.

[11] 刘致平 . 中国居住建筑简史—城市、住宅、园林 [M]. 北京：中国建筑工业出版社，1990.

[12] 刘敦桢 . 中国住宅概说 [M]. 天津：百花文艺出版社，2004.

[13] 吴良镛 . 乡土建筑的现代化，现代建筑的地区化——在中国新建筑的探索道路上 [J]. 华中建筑，1998（1）.

[14] 陆元鼎 . 中国民居建筑 [M]. 广州：华南理工大学出版社，2003.

[15] 孙大章 . 中国民居研究 [M]. 北京：中国建筑工业出版社，2004.

[16] 单德启 . 从传统民居到地区建筑 [M]. 北京：中国建材工业出版社，2004.

[17] 单军 . 建筑与城市的地区性— 一种人居环境理念的地区建筑学研究 [M]. 北京：中国建筑工业出版社，2010.

[18] 朱良文 . 传统民居价值与传承 [M]. 北京：中国建筑工业出版社，2011.

[19] 罗德启 . 贵州民居 [M]. 北京：中国建筑工业出版社，2008.

[20] 雷翔 . 广西民居 [M]. 北京：中国建筑工业出版社，2009.
[21] 李先逵 . 四川民居 [M]. 北京：中国建筑工业出版社，2009.
[22] 王军 . 西北民居 [M]. 北京：中国建筑工业出版社，2009.
[23] 木雅・曲吉建才 . 西藏民居 [M]. 北京：中国建筑工业出版社，2009.
[24] 杨大禹等 . 云南民居 [M]. 北京：中国建筑工业出版社，2009.
[25] 陈震东 . 新疆民居 [M]. 北京：中国建筑工业出版社，2009.
[26] 范霄鹏 . 新疆古建筑 [M]. 北京：中国建筑工业出版社，2016.
[27] 齐卓彦等 . 内蒙古民居 [M]. 北京：中国建筑工业出版社，2019.